breaking the secret codes in

ROBOT

films

羅伯特玩假的？

破解機器人電影的科學真相

楊谷洋——著

Contents

我們做不到的　機器人出馬

訂做一個他

走出科幻世界　走進人類生活

推薦序

一門新學問的誕生

科科創意研究室主持人　葉李華

無論多麼嚴謹的科幻作品，也不能和真正的科學畫上等號，這是不爭的事實，想必不會有人反對。然而，若說科幻作品和科技發展毫無關係，卻也絕對有失公允！原因很簡單，在科幻世界中，處處可見指向新科技的「科幻路標」。

顧名思義，路標並非精密的 GPS 或網路地圖，只能指出大致方向和大約距離，不會提供詳細的路線說明。因此，科學家或工程師頂多可將科幻路標當作重要參考（置之不理豈不太可惜），絕對不能照單全收。

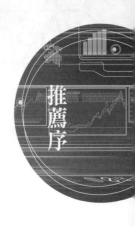

在機器人的領域裡，更是充滿各式各樣的科幻路標，包括小說、漫畫、電影、戲劇、模型……不但應有盡有，而且歷史極悠久（最早的機器人故事可遠溯兩三千年前）。要如何破解這些路標，從中汲取科技養分，無疑是一門亟需發展的學問。因為在真實世界，人類與機器人共處的實戰經驗至今少之又少，以致在機器人的研發過程中，工程師幾乎只能以想當然爾、甚至一廂情願的思維，埋頭發展某些特定功能。此外由於欠缺經驗法則，沒有任何專家敢保證哪型機器人一定廣受歡迎，或哪型一定欠缺市場。

從本書的副書名「破解機器人電影的科學真相」，不難想像作者非但已經找出破解之道，而且發揮得淋漓盡致，否則不可能洋洋灑灑寫成一本專書，朝這塊學術處女地邁出第一步。

至於這第一步究竟從何切入，筆者試著分析如下：且說「機器人電影」有個特點，就是故事中除了機器人，一定還有人類的角色（例外趨近於零，反之「外星人電影」就不一定了）。因此電影情節的主軸，大多是在探討機器人與人類各種可能的互動關係，這就為機器人學家提供了珍貴的參考資料。我們甚至可以說，每一部機器人電影多少都具備市場調查的功能，凡是叫好叫座乃至家喻戶曉的作品，都一定在某些層面滿足了觀眾對於機器人的期待與渴望——而另一個極端，例如《魔鬼終結者》，則反映了人類對於機器人的疑懼，這種作品的參考價值也不容忽視。

以上純屬一家之言，自然應該點到為止。總而言之，正所謂「會看的看門道」，請大家趕緊讀下去，看看作者是如何破解機器人電影的種種門道。等到讀畢全書之後，我們一起動動腦，為這門新學問想一個好名字。

推薦序

你，機器人了嗎？

中正大學通識中心教授／泛科學新聞網專欄作家　黃俊儒

從「日本產業技術綜合研究所」回到東京的筑波快鐵上，我整個人還深陷在全世界最撫慰人心之機器海豹PARO的震撼裡，忍不住心中的悸動猛纏著楊谷洋教授希望他再多講些機器人的故事，以及多推薦些機器人相關的電影資訊。只見他老兄信手拈來，一出口就是幾十部經典機器人電影及影集，如數家珍，我在一旁只能使死命地搖著筆桿，記下所有的片名，深怕漏掉任何一部經典佳片。

楊教授是國內知名的機器人研究專家，很多人不知道他同時也是一位電影迷、戲劇通，尤其是對於科技相關的文化產品更是瞭若指掌。如今他彙整平日對於機器人電影的深入觀察及剖析集結成書，對於我這種同樣對於機器人科技感興趣卻不見得專業的人來說，顯然是最大的福音。在本書中，楊教授有條理地針對機器人相關的電影進行分類，並且對照現今機器人研究的發展，解析許多電影想像背後的知識原理，讓一般讀者可以在電影的娛樂效果之外，更增添知性的啟發。此外，除了機械方面的專業知識，本書也探討了機器人科技與人類社會之間的各種複雜關係，例如機器人研發倫理的問題，以及這些問題在程式設計端上所會遭遇的兩難等等。這些內容讓讀者更加瞭解什麼是一個更為安全及嚴謹的設計規範，或者是人們究竟該如何構思一個自己心目中「完美」的機器人，皆深具啟發性。

當然，對於部分天性浪漫的影迷而言，這會是一本有點「潑冷水」的書，因為裡面有許多經由作者專業判讀之後所宣告的「不可能」，或是直言不諱地戳破一些電影中加料太多的「戲劇效果」。但是不用擔心，楊教授在許多現實解讀後所附帶的故事，同樣感人及有趣，絲毫不遜色於原本的電影劇情。例如書中提到

「鋼鐵人醫師」故事，讓我看見機器人研究者的努力及如何協助人們不放棄希望；又例如在奧地利選擇「自焚」的吸塵機器人，讓我對於機器人的「任性」拍案叫絕。

楊教授書寫的筆觸平易近人，在許多理性的解析之餘，更夾帶著特有的含蓄幽默，常常讓人讀到一半時不禁莞爾。這是一本光看書名就想下單的書，更是看完內文後就想把裡面所有電影都看過一遍的書，很高興看見楊教授這般傑出的科學家願意將自己研究的觀察及心得成書以饗讀者，相信這對於科學及人文之間的跨領域聯繫有著十分重要的意義和貢獻。

過去，在楊教授的引路之下，我大概已看過本書裡面半數以上的電影，看完這本書之後，讓我對於機器人的研究及未來有更為深入及完整的輪廓。我一直認為，電影是一個引介科學知識的極佳媒介，這是一本科宅必讀、電影迷需讀、養兒育女的父母非得讀的好書，它聯繫了人、機器與機器人之間的關係，我誠懇且熱切地推薦給大家。

推薦序

楊谷洋玩真的？

中正大學哲學系講座教授兼系主任　陳瑞麟

「陳老師，可以幫本書寫篇推薦序嗎？」蛤？《羅伯特玩假的？破解機器人電影的科學真相》？當看到這麼有趣的書名又作者是楊谷洋時，我當然二話不說就答應了。看完全書，心中開始忐忑不安了。這麼生動活潑的內容和文字，萬一讀者看到一篇正經八百、滿篇夾槓的推薦序時，會不會造成反推薦啊？後來靈機一動，說不定「反推薦」會產生「反效果」，那不是負負得正？所以我就來反推薦一番。

首先，我要揭發作者的真相。楊谷洋在自序中說他「多年來努力塑造出戰戰兢兢、心無旁騖的專業學者形象。」真是愛說笑。認識楊谷洋的人都知道他不只是交大電機工程系教授、當過電機學院副院長，而且他的專長就是機器人學！比起我們這些紙上談兵的「科技之學學者」（STS scholars），他可是有能力做出一台機器人的，但是他常常不務正業，喜歡跟我們這群只打嘴砲的傢伙一起混，因此也練就一手生動漂亮的文筆（不過，這有可能是他的「本質」，不是和我們混出來的，因為他寫得比我們精彩有趣多了），這本書就是證明。所以，他哪裏是「心無旁騖」，根本是「心有多騖」！

私下我幻想為國內寫機器人文章的第一把好手，多年前也出過一本相關的小書。沒想到這個幻想被這本書的出版給破滅了！我的小書不過談了三四部機器人電影，意猶未盡，希望還有機會多寫幾部。萬萬沒想到這本書一出版，把大多數機器人電影一網打盡，又寫得這麼年輕俏皮，擺明想吸引一大票婉君。有這本書後，婉君讀者還會想看別人寫的東西嗎？楊谷洋都沒有留下一點餘地給我們，實在可恨吶。

行家一出手，便知有沒有。楊谷洋在談電影中的機器人時，不斷地分析電影的設定與真實科技的相距有多近或多遠，告訴讀者想像與現實的差距，讀者開心之餘又能獲取有益知識，這種行家手腕就把我們這群號稱科技之學學者給比下去了。在真相被這本書完全破解之後，有這樣一個機會，我當然要好好地反推薦一番。

各位想知道作者楊谷洋真相——呃，是電影中的機器人真相——的人，一定要買這本書來看。結論。

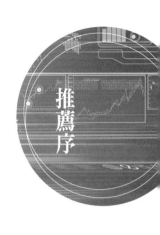

推薦序

玩真的玩假的？悅讀羅伯特達人的機器人後製物語

陽明大學科技與社會研究所副教授／《科學發展月刊》專欄作家　郭文華

很高興知道谷洋老師的新作《羅伯特玩假的？破解機器人電影的科學真相》（以下稱《破解真相》）即將出版，並有榮幸推薦這本書。

谷洋老師專長機器人學（Robotics），實驗室名為「人與機器」，是科技與社會研究（Science, Technology and Society Studies，STS 研究）社群裡的「羅伯特」達人。我們同在台灣聯合大學系統（由陽明、中央、交通與清華大學組成，是台灣第一個聯合大學系統）服務，過去幾年共同參與科學素養與 STS 研究相關的教學研究計畫。特別在谷洋擔任交通大學 STS 中心主任期間我們在各種場合相遇，暢談科技與社會議題，讓我羨慕他的活力與領導力，也常忘記他是否還有實驗室，繼續做研究與帶學生。

所幸，《破解真相》破解了這些迷思。它說明好科學家也是好溝通者，工學院教授也可以是創意的影評人。它更證明谷洋在「科技—社會人」書系以降對機器人社會的願景：「或許有一天，人類社會真會進入到人與機器人共處的時代，我們是否該建立相關的法律或是會有因應的倫理觀念產生？同時，機器人作為一種高互動性的科技物，它的發展形式與社會接受度是不是有其文化向度？」不同於泛泛的科技報導，更不是機器寫手的人云亦云，《破解真相》可是玩真的。

但「機器人社會」究竟是什麼？我們不時聽到「機器人就在你身邊」的報導，但沒有適當的介紹與分析，不容易想像機器與人互動無間，共塑社會的可能。對此，STS 研究關注機器的廣泛使用，更關心機器與人在社會關係與行為上疆界的模糊。先不說最近在醫療界引進話題的「Digital doctor」，讓病人用 App 看病開處方，多數客服專線設有語音服務，以減輕客服人員的工作負擔，但它也改變「服

務」的內涵。一方面設計者要努力設想與篩選情境，順利將語音轉接到客服人員，一方面客服人員要學著如何應對顧客，以標準程序跟語音無縫接軌。公司固然希望機器能貼近「人性」，不讓顧客在層層選項中失去耐性，但早有聰明的顧客拆解語音服務的邏輯，跳過無趣的解釋直接與客服人員通話。

而《破解真相》主要從專業者的角度，從電影來引領大家認識機器人社會。乍看目錄讀者或許覺得這本書像本沒有頭緒的電影介紹：作者不但向「變人」或「機械公敵」等經典科幻致敬，也關注「原子小金鋼」與「哆啦A夢」的兒童科幻，甚至連「機器老男孩」、「雲端情人」這樣的社會幻想也納入分析。但如果擱下成見，細細讀來，會發現《破解真相》處處蘊含對機器與人的巧思。固然每篇文章中必有科技新知，彷彿正經八百的科普書，但作者任意「跳接」其他電影與話題，談「A.I.人工智慧」可以轉到性愛娃娃，論「關鍵報告」可以牽拖打不死的「小強」，展現強大的剪輯功力。

此外，《破解真相》顯露一種有別於單純批判，對社會與人性的深層關懷。以「機器戰警」來說，作者藉由新版與舊版電影的比較，反省機器人社會裡警察與治安的意義。當然，谷洋老師謙抑溫和，許多議題往往點到為止。但如果我們想起 2014 年太陽花運動裡代表公權力舉牌宣示「遊行違法」的警務人員，再回來看《破解真相》對機器戰警的傳神解讀：「公司看上的其實僅僅是墨菲的那張人類的臉以及他英雄般的事蹟，甚至不太在意他的大腦靈不靈光，說穿了，他們要的就是個具有人臉的機器人來當警察罷了」，會不會有會心一笑的感覺呢？

因此，《破解真相》是好教科書，適合用在機器人科技的通識以至於專業課程中，但它帶來的閱讀樂趣絕不僅止於此。在我看來，這本書是有反省力的機器人「後製物語」，用電影素材切入機器與人的複雜糾纏。畢竟和文明進程中許許多多的「非人」他者一樣，機器人是人類自身的反映。我們擔心動物的繪畫創作打壞藝術市場行情，擔憂摸不著的比特幣顛覆金融秩序，當然這些跟人愈來愈分不開、弄不清的機器會成為敘事主題，滲透在生活周遭的活動、事件與展演裡。

對此，《破解真相》在「走出科幻世界　走入人類生活」單元具體闡釋機器人的應用，比方說強調功能的醫療用機器人與工業用機器人、著重娛樂效果的擬真機器人與戲劇機器人，但作者更關心的是機器人研究的核心問題，也就是東京工業大學森政弘教授所提出的「恐怖谷理論」：機器人不能太像人，要不然會很「恐怖」。到底，在機器人撲天蓋地成為話題之際，它們是否已經跨過那個讓人提防，令人不快的「恐怖谷」天險？

這裡且賣個關子，請讀者自己從「後記」看羅伯特達人怎樣解讀這個現象，但作為機器人研究的外行人，我在這些案例裡看到機器人研究的社會意義。就跟「機器人」一樣，電影如真似幻。它為欣賞者展示夢想，也設下安全疆界，讓演員在裡面為大眾抒發情感、發洩情緒，所謂「演戲的是瘋子，看戲的是傻子」。固然大家嚮往莊周夢蝶，物我不分的自由自在，但何嘗不會有電影的「恐怖谷」理論，擔心這些幻想竟與現實如此接近，令人心驚？

讓我分享兩個故事。第一個是中文世界最古老的機器人故事。工匠偃師手巧心細，造個機器人「倡者」獻給周穆王，能唱能跳，彷彿真人。不過，這個機器人在表演到最後時竟做出「人」的動作，對陪看表演的姬妾眉目傳情。於是穆王大怒，要立刻殺死偃師。偃師只好把倡者當場大卸八塊，說明它不過也就是個不懂愛不知情的臭皮囊。穆王親自檢視，才龍心轉悅，驚嘆「人之巧乃可與造化者同功」。

第二個故事是《紅樓夢》裡的真假寶玉。江南甄家有個甄寶玉，北方賈家有個賈寶玉，兩人互相知道對方，身世經歷都很相似，相互傾慕，甚至互相夢到，但卻無緣相識。於是，寫第一百一十五回的作者讓兩人見面了。不過，相會的結果並不是讀者預期的相見恨晚。甄寶玉跟賈寶玉透露心事與抄家變故，讓賈寶玉愈聽愈煩，不歡而散，還下了「不過也是個祿蠹」之評語。

確實。如同《紅樓夢》裡太虛幻境門口的對聯：「假作真時真亦假，無為有處有還無」。不管是玩真的還是玩假的，《破解真相》挑起的正是機器與人在社會的虛實遭遇。在機器人社會裡，各位是擔心機器人「太有人性」的周穆王，還是對甄寶玉「相見不如懷念」的賈寶玉？羅伯特達人已經將診斷的線索藏在「Robot 隨堂考」裡。歡迎大家跟我一起打開書本，準備紙筆，在一部部的機器人電影中跟著羅伯特達人悅讀看不到的自己。

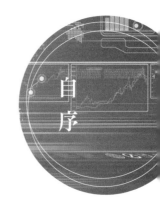

自序

「楊老師，有沒有興趣以機器人電影為背景來寫一本科普書呢？」當我接到來自交大出版社編輯程惠芳小姐的邀約時，真的是大感意外！一方面是很驚訝怎麼會被發現我其實常常在看電影呢？多年來努力塑造出戰戰兢兢、心無旁騖的專業學者形象，一夕之間就此破滅。另一方面，如何將機器人的專業知識寫成淺顯易懂的文字，這對我來說可是相當大的挑戰。尤其機器人科幻電影裡所展現的種種先進科技，在真實世界中幾乎都無法實現，到底要如何來說清楚、講明白兩者之間的差距呢？

近幾年來，機器人變得十分火熱，特別在幾部機器人大片的推波助瀾下，更是席捲眾人的目光。但在此同時，我也觀察到社會大眾對於機器人的確存在著許多的誤解以及過度的期待。在緊張刺激、精采奪目的聲光特效之餘，如果有機會讓大家理解機器人電影背後的「科學真相」，正視機器人的本質，體認到它的能力與極限，應該是值得嘗試。在這個重新認識機器人的過程中，也許它的神秘感會消失，我們的幻想會破滅，但一旦機器人能以真實面貌現身，這不就是人與機器人建立真正感情的契機嗎？

作為一位單純喜歡看電影的機器人工作者，我並沒有能力回顧機器人科幻電影的來龍去脈。這本書的主要用意是想藉由科幻與真實世界的兩相對照，引介出機器人科技的箇中奧妙。所選擇的影片基本上是放映時間較近、較受大眾矚目、以及較對應到現今技術發展。身為老師改不了的習慣，我同時在每篇文章後加入 Robot 隨堂考，讓讀者進一步思考機器人電影帶來的科技面向。而對於年輕的世代來說，1968 年的《2001 年太空漫遊》（2001: A Space Odyssey）以及 1982 年的《銀翼殺手》（Blade Runner）這幾部電影的上映年代有點久遠，本次沒有收錄，堪稱遺珠之憾。但經典永遠是經典，也千萬別低估它們對未來科技的預測能力，希望以後也有機會多談幾部機器人電影代表作，以饗科幻電影的死忠影迷。

此書的出版，首先要感謝交大出版社的支持，也要謝謝全體編輯團隊的協助與努力，尤其是惠芳對每一篇文章的建議與文字潤飾，讓我深切感受到甚麼叫做用詞遣字的功力。幾位審查委員非常深入的閱讀，以及極其專業的建議，讓我受益良多，由衷的感謝。科技部大觀園網站願意提供我機器人科普文章發表的園地，一併致謝。當然，要感謝的人還很多，就讓我放在心上吧。這本書的寫作對我是相當愉快的經驗，也希望藉此與大家共享機器人的樂趣與魅力！

楊谷洋

2016.01

前言

我，機器人

對於喜歡機器人的讀者來說，會不會覺得「我，機器人」（I, Robot）這個標題看起來很熟悉呢？它究竟是機器人科幻大師艾西莫夫（Isaac Asimov）短篇小說集的書名，或者是威爾・史密斯（Will Smith）所主演的科幻電影《機械公敵》（i, ROBOT）的英文片名，還是推出吸塵器機器人Roomba的美國機器人公司名稱呢？答案是以上皆是。但前兩者是描繪科幻世界的小說與電影，後者則是實際製造機器人的公司，它們怎麼會湊在一塊呢？

這不就是機器人迷人的地方嗎？就像電影中擁有雙重身分的神秘人物，一方面以其足以亂真的外表、匹敵人類的智慧，帶給我們無限的科幻想像；但搖身一變，又化身為具有靈活機構、電腦程式的機電系統，在工廠、住家的環境中大展身手。你很難想像有任何其他的科技產品可以像機器人一般，如此從容自在地遊走於人類與機器、虛擬與真實之間，無怪乎它會是科幻作家鍾愛的題材，而從事機器人研發的工程師也以它為公司命名。

但科幻世界與真實科技之間終究存在著巨大的落差，當我們沉浸於機器人科幻電影所帶來的感官震撼與狂野想像之餘，心中會不會升起一絲絲的懷疑，電影中所展現的未來科技，真的有可能在我們的生活中實現嗎？作為一位熱愛電影的機器人工作者，我也常常覺得影片中有些情節遠遠脫離現實，反過來，偶爾出乎意料的神來一筆，卻也能帶來研究上的靈感。這也讓我興起了一個念頭，何不就跟隨著電影的引領，和大家一起來探索電影背後的機器人科技呢？在科幻與真實兩相對照之下，說不定會激盪出另一番趣味呢！在這探索的過程中，也許有些讀者會打從心底讚嘆機器人技術的驚人進展，但也可能有人赫然發現，原來機器人和人之間的差異如此巨大，從小到大對機器人的夢想就此幻滅！無論你是屬於哪一種讀者，機器人世界的真相與奧秘都等著你來發掘。

在這趟探索之旅的開始，我們先來討論一下，觀看科幻電影到底應該抱持著甚麼樣的態度呢？個人覺得欣賞科幻電影的目的並不是為了能掌握先進的科技新知，如果真想如此，那還不如去看 Discovery 頻道。我覺得，科幻電影的觀看樂趣常常在於，「一個現今並不存在的科技，出現在當下這個時空所帶來的衝擊。」比方說，如果這個世界真的出現「原子小金剛」（英文：Astro Boy，日文：鉄腕アトム）或是像《A.I.人工智慧》（A.I. Artificial Intelligence）中的機器人小孩大衛，這會對他們的父母、社會大眾造成多大衝擊呢？而我們真的可能對機器人小孩付出真心與感情嗎？也就是說，請不要期待從電影中學習到製造原子小金剛或大衛的技術，讓我們專心沉浸於電影帶來的觀影享受吧！至於電影中各種天馬行空的機器人科技是否真有可能成真，就交給本書來為大家說個分明。

科幻電影的題材當然不僅止於機器人，包括時空旅行、外星人等都廣受影迷的喜愛。時空旅行讓我們有機會扭轉對過去的遺憾，外星人則隱含著我們對未知文明既期待、又怕受傷害的心情，在在打動我們內心深處的渴望。更有趣的是，這幾個題材也常常被組合在一起，讓劇情更加曲折有趣，比方說，「變形金剛」既是機器人、又是外星人，「魔鬼終結者」則是風塵僕僕、透過時空旅行從未來趕到現代來砍人。編劇們既加湯、又加料，就是要讓觀眾看得過癮！

就在機器人科幻電影的票房屢屢席捲全台之際，台灣社會也興起對機器人領域的高度興趣，從小學、國、高中到大學，乃至於研究所，各種類型的機器人競賽與相關課程紛紛推出，機器人學儼然成為新顯學。在此同時，也塑造出一種氣氛，彷彿電影中所勾畫出人與機器人共處的未來願景就要美夢成真，就此宣告機器人時代的來臨。而且，這股機器人的熱潮可不僅止於台灣，而是早已席捲全世界。全球首富、微軟創辦人比爾·蓋茲（Bill Gates）就曾預測，在不久的將來，每個人家裡都會擁有機器人，普遍到就像現今電腦在我們生活當中一樣；《我們都是機器人：人機合一的大時代》（Flesh and Machines: How Robots Will Change Us）的作者、曾任美國麻省理工學院電腦暨人工智慧實驗室主任的羅尼·布魯克教授（Rodney A. Brooks）在書中也提到，隨著人工器官與智慧的進步，有一天我們與機器人無論在外觀與思考上將幾無差異；日本大阪大學的機器人知名學者淺田稔教授（Minoru Asada）甚至大膽預言，未來在人類與猩猩之間將會出現一種新的生物分類——機器人類，意指機器人在演化上的地位將會超過猩猩、直逼人類。

這幾位都是名重四方的科技界大人物，說話自然有他們的觀察與根據，不至於信口開河。但我想請教大家一個問題，有誰在居家環境中看過機器人嗎？有媒體花絮提到，曾經在台北街頭看過有人在遛 Sony 出品的愛寶（AIBO）機器狗，而來自 iRobot 公司的 Roomba 也已經成功打入家電市場。除此之外，還有嗎？很顯然，眾人引領期盼的機器人時代似乎還沒有來臨，在人類社會中，機器人依然是少數族群，這又是為甚麼呢？

在回答這個問題之前，我們先來澄清幾項對機器人的迷思：首先最重要也最關鍵的概念是，機器人是機器，不是人，它不具有生命、也沒有自我意識。換句話說，我們不能因為機器人具有近似人類或生物的外觀、或是能夠展現出某些自主性的行為，就覺得它們和我們人類一樣，具有高等的智慧或自己的想法。事實上，真要比較機器人和人的差異，它可是遠大於機器人和手機之間。機器人就像其他科技產品一樣，扮演的是「工具」的角色，它出現在工具歷史的後端，繼提供動力的蒸汽機，以及人工智慧的電腦之後，成為新一波備受期待的得力助手。

儘管機器人已經是我們現有工具中的佼佼者，但它所擁有的智慧與行動能力仍然遠遠不及人類。事實上，自 1961 年全世界第一部工業機器人誕生以來，機器人一直是以工廠為家，從事具有高度重複性與固定形式的自動化生產工作。它並沒有能力處理人類生活環境中普遍存在的不確定性與變化，這也就是為甚麼機器人很少出現在我們身邊的原因。

但就像上帝按照祂的形象塑造了人類，我們對機器人就是情有獨鍾。日本千葉縣的一間百年寺院，曾經對因為缺乏零件以至於無法維修的愛寶機器狗舉行了告別儀式，撫慰它們主人受傷的心靈；而機器人公司生產的機器人也常常是有名字的。對於許多人來說，機器人並不僅僅是單純的工具，而是真的打從心底付出難以言喻的情感。隨著這樣的深情以及機器人科技持續不斷的進步，也許如比爾・蓋茲所說「家家都有機器人」的預言真有機會實現，機器人就此走出電影，走進我們的世界。但在此之前，先就讓我們隨著本書一窺電影裡的機器人真相，走入機器人電影所帶來的科技之旅吧！

來自人性的科技

Technology comes from humanity

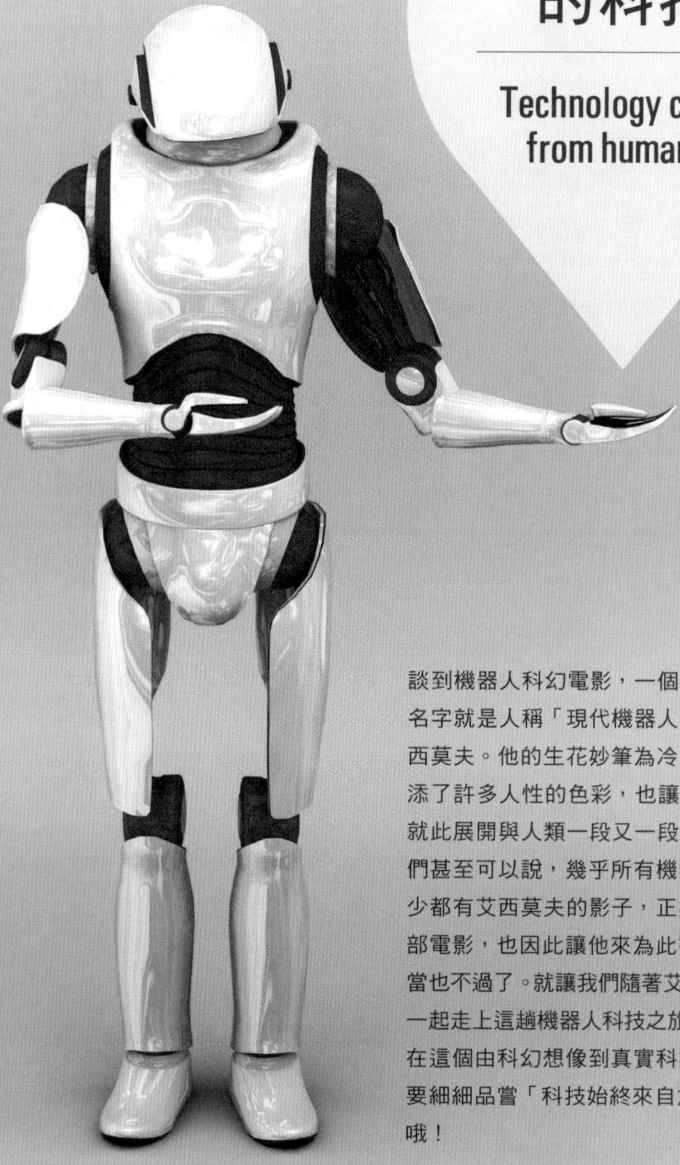

談到機器人科幻電影，一個絕對不可錯過的名字就是人稱「現代機器人故事之父」的艾西莫夫。他的生花妙筆為冷冰冰的機器人增添了許多人性的色彩，也讓「他」和「她」就此展開與人類一段又一段的恩怨情仇。我們甚至可以說，幾乎所有機器人電影或多或少都有艾西莫夫的影子，正如本單元裡的幾部電影，也因此讓他來為此書開場真是再適當也不過了。就讓我們隨著艾西莫夫的腳步，一起走上這趟機器人科技之旅！一個小提醒，在這個由科幻想像到真實科技的旅程中，可要細細品嘗「科技始終來自於人性」的味道哦！

向機器人科幻大師艾西莫夫致敬的機械公敵

想要擁有機器人所提供的服務，
又不希望生命遭受機器人威脅，
機器人應該遵守甚麼樣的法律？

片　　名 機械公敵（i,ROBOT）

導　　演 艾歷士．普羅亞斯

上映年份 2004 年

主　　演 威爾．史密斯、布麗姬．穆娜、布魯斯．格林伍德

簡　　介 西元 2035 年，智慧型機器人已被廣泛應用於人類生活中，但此時發生機器人工程師蘭寧博士離奇死亡的案件，警探戴爾．史普納展開調查，卻發現疑犯竟是由博士所開發出來的機器人索尼……

身為首席機器人工程師的蘭寧博士死在命案現場，兇手竟然極可能是他親手所打造的機器人索尼！此事件等同殺死自己的父親，究竟是出了甚麼問題才導致這場凶殺案發生？這是在 2004 年所推出的機器人科幻電影《機械公敵》（i, ROBOT）開場就出現的衝突點，劇情展開於知名影星威爾．史密斯所飾演的警探介入調查的過程。幾經波折後，真相大白，兇手真的是索尼，但索尼是在蘭寧博士要求下才動手的，也就是說，他是按照主人的指示協助自殺。這就製造出一個兩難的狀況，機器人可不可以聽從主人的命令危害到自己或他人的生命呢？

不知道大家有沒有注意到，《機械公敵》的英文片名是 i, ROBOT（我，機器人），恰恰就是艾西莫夫經典短篇機器人科幻小說集的書名。以撒．艾西莫夫（Isaac Asimov）被喻為二十世紀三大科幻小說家之一，他創造的「機器人學」（Robotics）這個名詞沿用至今，「現代機器人故事之父」的美名，的確當之無愧。

《機械公敵》取這樣的英文片名當然是想和艾西莫夫拉近關係，也有致敬的意味，但若是論起片中劇情，倒和小說中的內容沒有直接關係，而是承襲了艾西莫夫善於挖掘人與機器人之間恩怨情仇的特色。電影以極其絢麗耀眼的畫面呈現出人與機器人共同生活的未來世界，五花八門的機器人提供人們生活起居上無微不至的照顧，但在此同時，埋藏於其中的危機也似乎隨時會引爆，因此引發電影後續的情節發展。從電影裡讓我們不禁思考，如果我們想要擁有電影中機器人所提供的服務，又不希望生命遭受機器人威脅，機器人應該遵守甚麼樣的法律？背後又是根據何種邏輯呢？

在科幻世界裡，機器人必須依從的法律，無庸置疑，就是機器人三大法則（Three Laws of Robotics）。它首次出現在艾西莫夫小說《我，機器人》（I, Robot）中的〈轉圈圈〉（Runaround）這篇文章。它在機器人科幻史的地位直逼摩西的「十誡」，是機器人的天條，無論在任何情況下，都必須嚴格遵守，絕對不容違背。

我們來看一下機器人三大法則怎麼說：

第一法則、機器人不得傷害人類，或因不作為而使人類受到傷害；

第二法則、除非違背第一法則，機器人必須服從人類的命令；

第三法則、在不違背第一及第二法則的情況下，機器人必須保護自己。

這三條法則有其先後的次序性，第一條談到人類創造「產品」的基本要求——安全。其實不僅僅是機器人，無論任何產品，安全當然是第一考量，總不能讓使用者用得不安心、一天到晚提心吊膽吧？確定安全無虞之後，基於機器人的互動價值，下一步就是它應該要好好聽我們的話，不然我們買它來做甚麼？在符合第一和第二法則的前提下，也不能讓機器人搞自閉或鬧自殺，因為機器人單價可不低，總要耐用又持久，所以有了機器人必須保護自己的要求。

看起來機器人三大法則稱得上相當周延與嚴謹，但仔細想一想，機器人作為一項科技產品，我們有必要防範到這種地步嗎？一般的科技產品並不需要「被」這樣要求，比如我們就不會對冰箱或電視訂定三大法則。試想一下，我們將三大法則中的「機器人」置換成「冰箱」，把第一法則說成「冰箱不得傷害人類，或因不作為而使人類受到傷害」，聽起來是不是有哪個地方不對勁？

三大法則反映出我們的內心深處對機器人的戒慎恐懼，由於機器人的特性在於它具有靈活的行動能力以及自主的判斷力，這兩項特質代表了動力與智慧的結合，也讓機器人成為我們目前所擁有的科技產品中能力最強大者，雖然它的力量也許不如坦克、火炮，但它就像一部會動會走、行動自如的電腦，相對於汽車、冰箱、智慧型手機等，對我們的影響絕對不容小覷，一旦出了問題，造成的危害肯定相當可怕。

有了機器人三大法則，我們就可以高枕無憂地等待機器人時代的來臨，輕鬆享受機器人提供給我們各式各樣的服務了吧！且慢！正如學校校規是訂出來讓學生破壞的，機器人三大法則當然也會有它的漏洞。像是能不能為了拯救大多數人而讓少數人受到傷害？事實上，艾西莫夫非常擅於運用三大法則的種種曖昧與矛盾之處，遊走法律邊緣，寫出篇篇充滿張力的精彩小說，也讓三大法則的絕對安全性備受考驗。接下來，我就來改寫《我，機器人》其中的一篇文章——〈證據〉（Evidence），讓大家見識一下艾西莫夫的功力：

話說某個國家的首都正在改選市長，兩位市長候選人都非常優秀，其中一位醫術高超、IQ超高、又善於運用婉君，雖然不是帥哥，偶爾也會白目說錯話，但人氣依然居高不下；另外一位候選人家世、背景都高人一等，又具有國際觀，但就是不受青睞，眼看支持度越拉越遠，這該如何是好？

這時候網路突然對這位超人氣候選人傳出各種耳語：哪有這種非典型、不按牌理出牌的候選人？太不合常理了！只有一種可能，他一定是機器人偽裝的。這番言辭殺傷力可不小，不管再怎麼令人激賞，我們總不能選個機器人當市長吧？選戰沸沸揚揚地持續進行著，直到公辦政見發表會的那天，突然發生一件令人震撼的事情！

當這位人氣候選人正在發表演說之時，竟然有人跳上講台，十分挑釁地指著他說：「如果你不是機器人，你就過來打我，敢嗎？」別忘了，機器人不能傷害人類，這可是鑲嵌在機器人腦中、不容妥協的鐵律。話剛說完，電光火石之間，只見這個挑釁者凌空飛起、已然被打飛。後來這位人稱怪醫的候選人就成為該國首都的市長，繼續展現他種種異於常人的行徑。

故事就到這裡為止了嗎？當然不是，真相是，跳上講台的那個「人」是「機器人」，是不是很出人意料之外？超過半個世紀之前的小說，直到今天仍然令人如此驚嘆！不禁讓我升起一個奇怪的念頭，莫非艾西莫夫也是……

如果有一天，我們的社會真的進步到如《機械公敵》所描繪的機器人與人共同生活的時代，確實需要有合宜的法律規範彼此的行為，來自科幻小說的機器人三大法則顯然仍需要積極補強，但它已然指出我們是否能邁入機器人世代的最大關鍵，乃在於機器人是否能真心遵守「我絕對不會傷害人類」的鐵律。至於索尼可不可以協助主人自殺呢？前面不是說過就是會有學生不遵守校規嗎？電影不也一再暗示我們，索尼並不是一般的機器人，「他」在情同父親的主人與三大法則之間，選擇了親情。

Robot 隨堂考

1. 《機械公敵》致敬的小說家艾西莫夫擅於描繪的主題是甚麼？
2. 在科幻小說中，為甚麼會對機器人訂下三大法則，卻不會對一般科技產品有此限制呢？
3. 機器人三大法則是毫無漏洞的嗎？

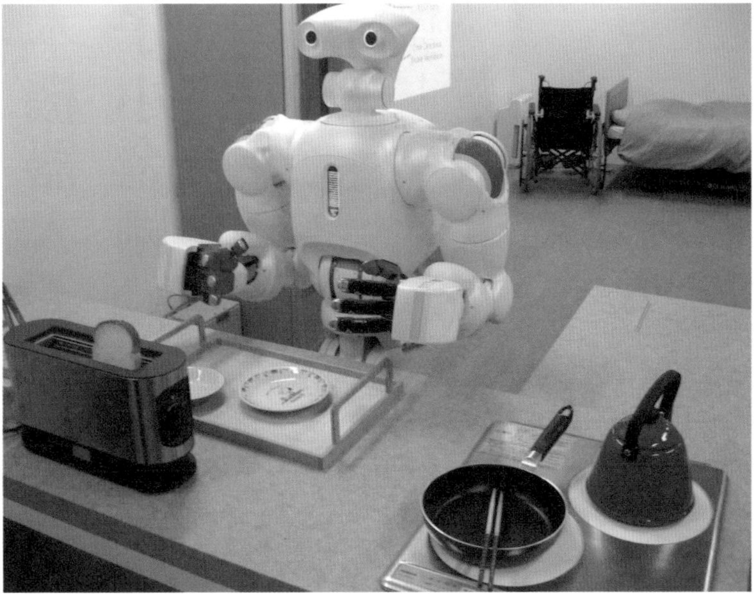

↑如果有一天，我們的社會真的進步到如《機械公敵》所描繪的機器人與人共同生活的時代，機器人三大法則夠用嗎？照片攝於日本早稻田大學菅野重樹教授（Shigeki Sugano）實驗室。

日本機器人天王：原子小金剛

眾多的粉絲齊聚東京新宿的高田馬場町，
也就是原子小金剛的出生地，
只為了對「他」說一聲，
生日快樂！

片　　名 原子小金剛（英文：Astro Boy，日文：鉄腕アトム）

導　　演 大衛．包爾斯

上映年份 2009 年

聲音主演 佛萊迪．海默爾、尼可拉斯．凱吉、比爾．奈伊

簡　　介 2003 年，時任日本科學省省長天馬博士製造了原子小金剛來撫慰喪子之痛。但因小金剛無法如人類一般長大，最後還是被天馬博士拋棄。後來，小金剛被後任科學省省長御茶水博士救起並修復，小金剛正式重生……

你知道2003年4月7日是甚麼日子嗎？是一個對日本人很重要的節日哦！情人節？不是。兒童節？那是5月5日（男孩節）。給個線索，那天是機器人迷引頸期盼的一天。還猜不到嗎？答案是原子小金剛的生日。

別鬧了！原子小金剛不就是個漫畫人物，「他」的生日很重要嗎？讓我們先來看看當年的盛況。2003年，為了慶祝原著裡設定的原子小金剛的誕生日，在日本有眾多的粉絲齊聚東京新宿的高田馬場，也就是原子小金剛的出生地，為了對「他」說一聲，生日快樂！當時場面之浩大，遠遠超過偶像明星。不僅如此，日本有許多機器人領域的專家在接受訪問時都曾說到，由於小時候受到原子小金剛的啟發，長大後立志投入機器人界追逐夢想，也就是說，原子小金剛的出現間接造就了日本成為機器人大國，你說「他」的生日重不重要？

《原子小金剛》是知名漫畫家手塚治虫的作品，日文名稱為鉄腕アトム，アトム指的就是原子。手塚治虫在日本漫畫界的地位相當崇高，他參與了現代日本動畫的創立，出版許多膾炙人口的作品，包括風行台灣的《怪醫黑傑克》（ブラック・ジャック）等。手塚治虫出生於大阪，在大阪郊區的寶塚市還有間手塚

治虫紀念館，珍藏許多他的作品、影片，以及劇中人物的模型，是粉絲們必遊的朝聖景點。於 1951 年問世的《原子小金剛》，先在《少年》漫畫雜誌連載，大受歡迎，之後改編成卡通影集於電視播出，在日本首播時創下超過百分之三十的驚人收視率。不過，在這裡我要插播一下，《原子小金剛》的收視率雖然厲害，還是輸給一個對手，那就是史艷文布袋戲，當年在台灣播出時讓全國萬人空巷的史艷文，達到百分之九十以上的收視率，真的是轟動武林、驚動萬教的嚇死人啊！

相較於本土天王的史艷文，原子小金剛還具有國際化的優勢，除了在台灣、香港播出外，也受到好萊塢的青睞，於 2009 年推出電影版的《原子小金剛》（Astro Boy），邀請到尼可拉斯・凱吉（Nicolas Cage）、佛萊迪・海默爾（Freddie Highmore）等知名影星替它配音。在電影中，身為機器人專家的天馬博士因為兒子意外喪生，悲痛之餘，以自己兒子的形象創造出原子小金剛，希望能一解喪子之痛。但即使原子小金剛展現出人性的行為與情感，天馬博士終究無法真心接納「他」；而原子小金剛也不能接受自己是機器人的事實，在遭受放逐、流浪在外的旅程中，「他」努力想要成為一個「人」。在遭遇到許多讓「他」挫折、快樂的人與事之後，漸漸在過程中找到自我的定位與價值，得以與父親天馬博士和解，當然，最終一定要以「他」的超能力打敗邪惡勢力、拯救地球啦！

在《原子小金剛》的故事裡，因為天馬博士是機器人專家，所以有本事信手拈來製造出一個像自己兒子的機器人，以現今科技來看有可能嗎？在機器人學界真有其例。以分身機器人聞名國際、日本大阪大學的石黑浩教授（Hiroshi Ishiguro）當年就曾經以他年幼女兒的可愛模樣開發出一款神似本尊的擬真機器人。不過，聽說他女兒長大後，對此事一直不太開心，因為常常會被指指點點；不讓日本專美於前，咱們臺灣科技大學的林其禹教授參照兒子的臉形也建構出一部大型雙足仿真人臉機器人Thomas，還擔綱演出機器人舞台劇《歌劇魅影》，成為當年台灣機器人界的一大盛事！

如此說起，如果爸媽是

↑原子小金剛傳達了人們對於機器人的衷心期待。攝於京都車站展覽會場。

機器人專家，還真得多加留意，一不小心，就會成為他們建造機器人的範本。不過現階段，這些機器人模仿本尊的部分，大都侷限在它們的外表以及臉部情緒表達，試圖讓矽膠材質所製造出來的臉能逼近本人，再運用藏身於後的馬達產生各種不同的表情，至於原子小金剛這種行為、感情等內在層次的複現，仍然處於電影的虛構階段。

然而，在日本創造出為數眾多的機器人角色裡，為何原子小金剛特別受到歡迎呢？除了「他」可愛、討喜的外型，惹人憐愛的童稚身分外，創造者手塚治虫當然功不可沒。手塚治虫擁有醫學博士學位，也讓他具有一般漫畫家少有的科學素養。想想看，以他創作時所處的 1951 年，要來預測五十多年後的 2003 年，描繪出那個時候的原子小金剛應該會擁有的能力，絕對需要對科技發展有一定的了解與觀察。我們就來檢視一下他對原子小金剛的想像，與現今科技的距離。首先，原子小金剛具有遠超過人類的視力與聽力，能了解超過六十國以上的語言，能自行產生探照光源，配備有機槍、雷射等武器。這些能力以現有科技大致上已經辦得到，當然在語言的理解力上仍有待加強，就像大家使用語言翻譯機時，對它偶爾發生的無厘頭翻譯哭笑不得的經驗。而令人高度期待、可提供機器人超高速飛行的火箭發動機至今仍然不存在，另外，「他」號稱能一眼分辨出人類的善惡，這項能力對人類來說都十分困難，更不要說是機器人了。

儘管原子小金剛到今天還是停留在科幻的想像，或說是僅止於傳達人們對於機器人的衷心期待。但奇妙的是，原子小金剛的出生地設定在東京的高田馬場，而這個地方剛好是早稻田大學所在地，兩者之間所存在著一種巧妙連結，也令我這個機器人迷大呼神奇！當年，早稻田大學的加藤一郎教授（Ichiro Kato）在幾乎整個機器人學界都投注於工業機器人的開發之際，不顧眾人的眼光，於1969年推出全世界第一台以雙腳走路的機器人，為機器人領域另闢蹊徑，也為他贏得「人形機器人之父」的美譽。直到今天，早稻田大學也一直是人形機器人的研究重鎮。因此，當人們走過原子小金剛的故鄉，走進早稻田大學之際，也許會幻想著，哪一天原子小金剛就這麼從哪間實驗室走出來呢！

而台灣最知名的機器人漫畫應該是劉興欽老師所畫的機器人系列故事，在當年資訊貧乏、渴望新知的年代，這些漫畫就這麼陪伴著包括我在內的小孩長大。

身為老師、也是發明家的劉興欽是新竹內灣人，出身貧寒，一路苦學，終能開創耀眼的成就。劉老師基於和新竹交通大學資訊工程系蔡文祥教授特殊的因緣，將他珍藏的漫畫手稿送給交大圖書館典藏，亦傳為佳話。對照著原子小金剛與早稻田大學的連結，藉由興欽老師的事蹟與手稿，也許也能激勵更多的青年學子投入學習，讓台灣的機器人研究也能在世界上大放異彩！

Robot 隨堂考

1. 原子小金剛有哪些能力？哪些是已被實現？哪些還存在於虛擬世界中？
2. 原子小金剛設定的出生地，正好是早稻田大學所在地，這其中有甚麼有趣的巧合呢？
3. 台灣有機器人漫畫家嗎？他和交通大學又有何淵源？

➜我與人形機器人合照於日本早稻田大學。

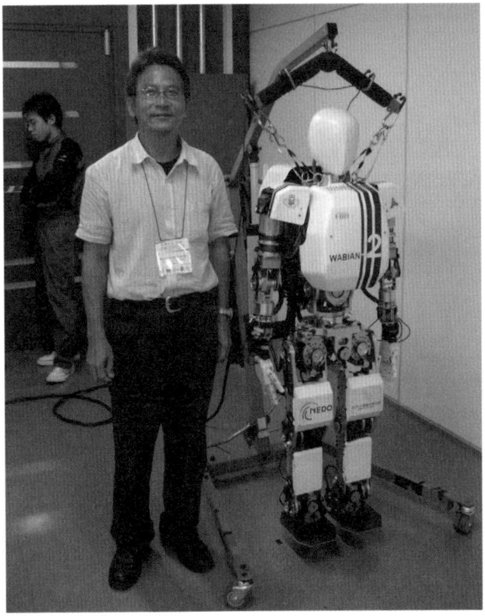

↓台灣最知名的機器人漫畫：劉興欽老師所畫的機器人系列故事。照片攝於交通大學圖書館。

從異形得靈感
讓科幻想像成為真實科技

卡沙羅尼教授研發出一種可以穿戴在人身上的新型機器人。之後，更提出「超級士兵」計畫，讓士兵穿上外甲機器人上戰場。

片　　名 異形 2（Aliens）

導　　演 詹姆斯・卡麥隆

上映年份 1986 年

主　　演 雪歌妮・薇佛、凱莉・漢恩、麥可・賓恩、蘭斯・亨利克森

簡　　介 陸軍少尉雷普利在第一集成功生還並返回地球後，因為受到質疑而被撤銷軍職與飛行執照。在本集中，政府與其前任雇主需要她回到當年遇到異形的地方偵查，為取回軍職與執照，雷普利答應了這項任務……

就讀研究所的同學請注意，當你的指導教授跑去看科幻電影時，你可要小心了！因為他很可能會要求大家一起完成電影中那些現在並不存在、搞不好永遠也無法實現的科技想像。這是發生在美國明尼蘇達大學的真實案例，苦主是在該校攻讀機器人學位的博士生，這位有趣的老師是卡沙羅尼教授（Homayoon Kazerooni），闖禍的電影則是經典科幻系列電影《異形》（Alien）於 1986 年所推出的第二集（Aliens）。

《異形》於 1979 年所推出的首部曲，是由名導演雷利．史考特（Ridley Scott）所執導，成功創造出令人不寒而慄、膽戰心驚的外星怪物，也讓飾演太空探險隊成員雷普莉的知名演員雪歌妮．薇佛（Sigourney Weaver），憑藉著與異形勇敢周旋的大無畏形象，成為不讓鬚眉的「太空英雌」。而擔綱第二集導演的詹姆斯．卡麥隆（James Cameron）也不在話下，備受矚目的《鐵達尼號》（Titanic）與《阿凡達》（Avatar）都是他執導的作品。

在電影中，讓卡沙羅尼教授大感興趣的究竟是甚麼呢？原來異形實在是太強大、太可怕了，女主角雷普莉赤手空拳打不過它，於是像開車一樣駕駛大型戰鬥機器人和異形對打。這有點類似頗受歡迎的卡通《無敵鐵金剛》與《科學小飛俠》中所展現出的概念，利用人類優異的智慧與操控能力來駕馭具攻擊能力的機器人或飛行器，彼此各取所長、相輔相成。

但比起駕駛具有四個輪子、兩兩連動的汽車，要能隨心所欲地駕馭有手有腳的機器人，難度可是高出許多。也因此，要想達到如電影中雷普莉那般游刃有餘，還能隨時賞異形兩拳的境界，絕對不容易。現實中比較可能發生的情形是，雷普莉手忙腳亂，機器人左搖右晃，一個閃失，機器人失去平衡跌倒在地，然後就被異形打著玩。以現有的科技水準，想輕鬆自在地駕駛機器人還需加把勁，但電影中大戰異形的機器人倒也點出一種人與機器人可能的合作方式。

當年，卡沙羅尼教授看了電影後，突然激發出科學家的旺盛研發企圖，他覺得在這種「無敵鐵金剛」型式的機器人裡，人和機器人的連結還不夠緊密。他有個靈感，有沒有可能直接將機器人穿在身上呢？如此一來人與機器人不就合而為一了嗎？也就是說，機器人等於就是我們身體的延伸，當我們以自我意識移動身體時，機器人就這麼自然地隨之動作，這不就是武俠小說中所追求的人劍合一的境界？那還不保證將異形打得落花流水、滿地找牙！

以《異形》電影得到的靈感為起點，卡沙羅尼教授研發出一種可以穿戴在人身上的新型機器人。由於穿上它時，很像將機械骨骼穿在身上，因此被稱之為「外骨骼機器人」或是「外甲機器人」（Exoskeleton Robot）。之後，他更進一步提出所謂的「超級士兵」計畫，讓士兵穿上外甲機器人上戰場，想想那個場面，真可用如虎添翼來比擬，敵軍肯定聞風喪膽、丟盔棄甲、逃之夭夭。這些發明讓卡沙羅尼教授大放異彩，他現在任教於加州大學柏克萊分校，已然成為享譽國際的機器人學者。

外骨骼機器人除了軍事用途外，也非常適用於居家照護與醫療用途，尤其當全世界都面對老年化社會來臨之際，外骨骼機器人的開發與應用更具潛力。例如在行動輔助與復健應用上，它可用來取代傳統由復健人員所進行的復健流程。以目前的復健方式來看，復健人員往往需要來回、持續地搬動受復健者的肢體，在體力與精神上，對他們都是極大的負擔。如果可以由外骨骼機器人來代勞，除了節省醫療人力外，也可讓使用者在家中進行復健，提供相當的便利性。

台灣的工研院機械所也開發出可協助癱瘓病人站起來的穿戴式行動輔助機器人，這背後還有一個相當感人的故事。畢業於臺大醫學系的許超彥醫師是個十分優秀的精神科醫生，人生大好前程正要展開之際，卻因一次滑雪意外導致胸部以下完全不能移動。一夕間，天之驕子變成地上癱子，但他並不自憐自艾，仍然保持積極向上的精神與樂觀的態度，他看到的是所擁有的、而非失去的。自助自得人助，工研院研發團隊因此特地為他開發出可穿戴在雙腳上的外骨骼機器人，讓許醫師能藉著拐杖的協助，重新站起來。許醫師面對逆境的勇氣激勵了許多人，也因此有了「鋼鐵人醫生」的稱號。

現階段國內外各種類型的外骨骼機器人造價都十分昂貴，而工研院為許醫師所開發的是客製化產品，基於成本與後勤支援的考量，目前並無法大量推廣。除了價格上的考量，要讓外骨骼機器人真正達到人機合一的理想，所需要面對的挑戰並不少。首先，光是想讓使用者在穿上它之後還能行動自如，就不是件容易的事。由於人體必須承載機器人的重量，整體機構顯然不能太重，但它又必須有夠大的力量來帶動肢體，這勢必得靠強而有力的馬達來提供充足的動力，也就是

說，我們一方面希望它精壯有力，另一方面又期待它輕薄貼身，這真是兩難。此外，由於人和機器人是緊密地結合在一起，萬一控制上有個閃失，讓機械臂強行拉扯四肢，來個五馬分屍，可就不得了！

因此，為了讓外骨骼機器人確實達到實用性，在研發上有許多需要努力之處。首先，用來建構機器人的材質就相當關鍵，必須力求貼身、輕薄、耐磨損、且具有高強度與伸縮性；再來，也需要能充分掌握使用者的意圖，推測出想要移動的方向與位置，機器人才能夠即時、適切地提供輔助，這一點可以透過對人類

↑由於穿上外加身上的機器人時，很像將機械骨骼穿在身上，因此被稱之「外骨骼機器人」或「外甲機器人」。此為足部穿戴式外骨骼機器人。照片提供／交通大學電機系蕭得聖教授

腦波或肌電訊號的量測來加以推估；而且馬達要輕巧又有力，電池得持久並具高效率，目標就是讓使用者平常幾乎感覺不到外骨骼機器人的存在，但在關鍵時刻它又能挺身而出、發揮功效。

機器人從科幻電影走進我們的世界，外骨骼機器人是一個成功的案例，也展現出前所未有的人與機器人互動新模式，開創出許多新的應用與可能，讓來自《異形》的科幻想像成為造福「鋼鐵人醫生」的真實科技。而我們在交大電控所的機器人研發團隊也致力於包括外骨骼機器人在內的各項新型機器人的研發。你問我們的實驗團隊會不會跟卡沙羅尼教授一樣，也想找學生一起實踐機器人的科技想像呢？嗯！那是一定的啦！

Robot 隨堂考

1. 卡沙羅尼教授從《異形》中得到靈感，開發出了甚麼樣的機器人？
2. 將這種新型機器人應用在醫療上有那些案例？
3. 外骨骼機器人目前無法大量推廣，是因為面臨了哪些挑戰？
4. 鋼鐵人醫生的故事帶給我們甚麼樣的啟發？

從機器老男孩談
為甚麼日本如此熱愛機器人？

日本人的個性很「ㄍㄧㄥ」！
但在機器人的面前，
即使很狼狽，
也不至於感覺丟臉。

片　名 機器老男孩（Robo-G）

導　演 矢口史靖

上映年份 2012 年

主　演 吉高由里子、五十嵐信次郎、竹中直人

簡　介 一家小型家電公司在機器人博覽會的前一周，所開發的機器人因故壞損。員工們只好緊急招募人來「扮演」機器人，最後找到退休的73歲歐吉桑鈴木重光，但他假扮的機器人卻意外在博覽會上大受歡迎……

↑《機器老男孩》裡歐吉桑「扮演」的機器人與宅女，一老一少有相當精采的對手戲。劇照提供／傳影互動

身為機器人大國，日本當然少不了以機器人為題材的電影，在2012年推出的《機器老男孩》（Robo-G）就是其中相當受到矚目的一部。在這部機器人狂想曲中，標榜的並不是先進的機器人科技，而是穿插在其中人與人之間的感情。話說默默無名的木村電器公司營運狀況欠佳，為了力挽頹勢，老闆決定追隨機器人熱潮，開發全新功能的人形機器人，但隔行如隔山，事情哪有這麼容易！果然技術沒到位，整個研發遭受大挫敗，眼看產品發表的日子就要到了，這可怎麼辦呢？狗急跳牆的員工們突發奇想，既然要開發模仿人類的人形機器人，那麼找個人穿上機器人

的外裝不就好了嗎？於是乎他們找到一位身形與機器人相仿的七十三歲歐吉桑來cosplay，就此展開出一連串爆笑、溫馨、又帶點淡淡憂傷的故事。

《機器老男孩》是由日本知名導演矢口史靖執導，老牌演員五十嵐信次郎擔綱演出這位自覺不受家人重視、又不甘寂寞的歐吉桑鈴木重光，反映出日本急速走入老年化社會時銀髮族的心情起伏。在熟齡的另一端，新生代偶像明星吉高由里子飾演熱愛機器人的宅女佐佐木葉子，一老一少有相當精采的對手戲。鈴木桑的機器人扮裝受到出奇的歡迎，也讓他想要藉此向鍾愛的孫子炫耀，這讓此假扮事件陷入曝光的危險，終於因為外露在金屬頭殼外的一根頭髮洩了底，眼看事情就要不可收拾，所幸在佐佐木的協助下化險為夷。劇終回歸歐吉桑身分的鈴木，看似過著如同當初一般的生活，但他的心情是全然的不同，原來經過機器人冷冰冰金屬外殼的洗禮，已然帶給他滿滿的溫馨。

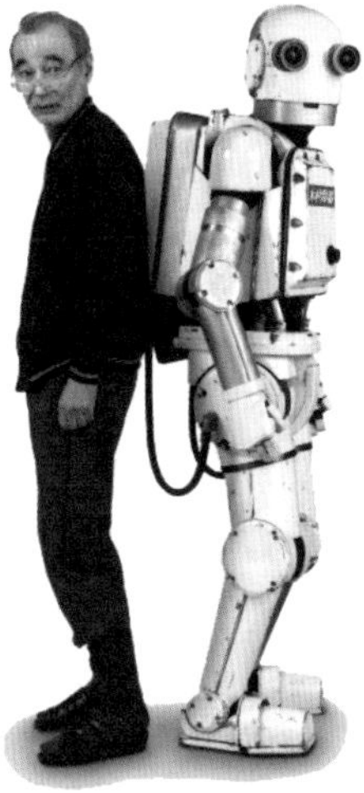

↑《機器老男孩》。
劇照提供／傳影互動

台灣對日本電影的接受度一向很

高，這部電影談論的老年化現象也不是日本獨有，跟隨日本的腳步，台灣的社會很快會經歷到類似的情境。但超乎預期的，在日本頗受好評的《機器老男孩》，卻沒受到台灣觀眾的青睞，上映沒多久就下片了。電影受不受歡迎當然有許多的可能性，並不是三言兩語就能說得清楚，但這樣的「結果」卻引發我強烈的好奇心。我的好奇並不是為了電影賣座與否，而是思考會不會因為日本和台灣在社會、文化面的差異，導致彼此對機器人電影的感受如此的不同呢？基於機器人領域的獨特性，不同於電視、冰箱，甚至是手機等產品，機器人標榜的是和使用者之間的高互動性，期待它能真正融入到我們生活中，也因此一般大眾對機器人的看法，絕對會影響到它的普及性，比方說，如果機器人給我們的印象就如「魔鬼終結者」那樣動輒砍殺人類，誰會想要啊？反過來，如果是超級卡哇伊的「哆啦A夢」，那當然是歡迎光臨！而《機器老男孩》在台短暫上映的遭遇，也極可能因為片中的機器人形象不符合台灣觀眾對機器人電影聲光特效的期待。

先來看看日本人機器人文化的演進。日本機器人的起源相當早，遠在十八世紀的江戶時代就已經出現被稱為「運茶童子」的簡易版機器人，它會自行前往送茶，待主人喝完茶後，再將茶杯送回原處。想想看，十八世紀並沒有馬達，當然也不會有現今的微處理器或電腦，僅僅運用發條以及某種形式的動作記憶裝置就能完成整個奉茶任務，不禁讓人讚嘆當時工匠的手藝。也因此，日本對於自身開發的機器人科技驕傲極了，因為他們從古代就已經打下基礎。連帶地，也讓機器人文化在民間紮下深厚的根基，這份對機器人的狂熱，也反映在日本的機器人動漫傳統，由原子小金剛、哆啦A夢、鋼彈等大家耳熟能詳的動漫人物領銜，一脈相傳、不斷推陳出新，在在說明機器人在日本已經深植人心！

除了包括動漫在內的文化面影響外，從制度面來看，日本的終身聘任制也為機器人發展減少了阻力。機器人身為自動化產業的重要推手，無可避免地會面臨員工在面對產業升級時對失業的疑慮，就像全世界的產業在自動化的過程中或多或少都曾遭受到員工的抗爭，但日本的終身聘任制保障了員工的就業，因此也讓抗爭行動相對較少，樂於接

↑身著和服、可愛的袖珍版運茶童子，真的會奉茶哦！照片提供／交通大學科技與社會中心

受與機器人共存，而不是擔心機器人發展可能搶走自己的就業權利。雖然現今由於經濟、產業型態的改變，日本的終身聘任制有所鬆動，但仍然維持了一定程度的穩定性。

因此在機器人科技的發展過程中，千萬不能小看來自社會、文化面向的影響，它們關係到機器人領域是否能在一個國家中蓬勃發展、發揚光大。再來請教大家一個問題，一個國家的民族性會關係到他們機器人科技的發展嗎？我覺得答案是肯定的。像我們對日本人的印象是既守時、又守法，大眾運輸系統總是那麼地精準，而紅綠燈號誌也不至於淪落到僅供參考的地步，如此規律的行為與井然有序的環境可讓機器人的設計流程因此變得簡單，也是日本機器人成功發展的重要基礎。反觀台灣人的彈性和不愛受拘束的個性，我們的生活環境比起日本刺激多了。請大家想像一下交通尖峰時刻台灣人的開車方式，如果機器人天天都要面對如此具挑戰性的環境，你覺得能在台灣存活下來的機器人需要有多大的本事呢？換句話說，台灣能不能像日本一樣成為機器人大國，就端看我們的社會是不是已經準備好、能不能真心接納機器人？

而在眾多值得開發的機器人類型上，日本對《機器老男孩》中那樣的人形機器人特別情有獨鍾，這應該也是基於日本人性格上的特性使然。日本人的個性可以用一個字來形容，那就是「ㄍㄧㄥ」（矜持）！非常害怕對不起他人、給別人添麻煩。也就是因為日本人的矜持，他們對於因為生病而導致在別人面前失態這件事情十分恐懼。即使面對老年化社會所帶來的醫療資源不足的壓力，仍不太願意引進外籍醫護人員，這一點也反應在日本相對嚴格的移民規定上。可是眼前醫護人員真的很缺乏，於是日本人選擇積極開發足以服務人群的機器人，因為在機器人的面前，即使很狼狽，也不至於感覺丟臉。也因此，日本開發機器人的態度極其認真，因為事關切身需要！這同時說明了為甚麼日本會特別著重在人形機器人的開發，就是想藉由它與人類相近的形體，能夠迅速融入我們的環境、提供生活上的照護。

所謂的性格決定命運，從前面的討論可以看出，原來民族性也會決定機器人科技的發展。仔細想想也不令人意外，當社會的氛圍、生活的環境適合某種類型的科技運作時，它就有機會萌芽茁壯，正如不同的土壤與氣候會孕育出不同的植物。日本人親近機器人的態度，讓機器人不僅僅是單純的科技產品，更是生活中的夥伴！也因此《機器老男孩》在日本之所以大受歡迎，其背後也透露出日本相當深厚的機器人文化。他山之石，可以攻錯，以日本為借鏡，我們也應該好好審視一下自己的文化脈絡與民族特性，就此走出一條屬於台灣的機器人之路。

Robot 隨堂考

1. 在機器人科技發展的過程中，也會受到來自社會、文化層面的影響嗎？
2. 日本機器人的起源可以追溯到甚麼時候？
3. 為甚麼日本會特別著重人形機器人的開發？

EVA奇機世界裡的多愁善感

機器人的「情緒」到底指的是甚麼？以工程手段所實現的「情緒」與人類情緒有何不同？

片　名 EVA 奇機世界（EVA）

導　演 凱克・麥羅

上映年份 2012 年

主　演 丹尼爾・布魯赫、克勞蒂亞・維加、瑪塔・埃圖娜

簡　介 發明家艾力離鄉十年後，返鄉接下機器人研究計畫：賦予機器人人類的心智和感情。但他發現前女友已經和自己的弟弟大衛結婚，還擁有一個美麗的女兒夏娃。艾力試圖將夏娃當作是機器人開發的原型，卻引發意想不到的後果……

想像一下，外表一向冷冰冰的機器人開始懂得表達情緒，那會是怎樣的光景？2012年上映的《EVA奇機世界》（EVA）即是描繪在一個機器人已經進步到可以和人類共同生活的時代，機器人設計者艾力與他所設計的情感機器人，一位美麗、聰慧又多愁善感的青少女EVA之間的糾葛。片中EVA因為一次過大的情緒發洩導致意外，傷害了「她」的「母親」，落入必須安樂死的感傷結局。

這部由西班牙新銳導演凱克．麥羅（Kike Mailo）首次執導拍攝的電影，耗資近三億台幣，是西班牙影史的科幻大作。雖然這部電影在台灣上映時並沒有受

↑ 2012年西班牙影史的科幻大作，其中談到的情緒機器人，對機器人研究者相當具有啟發性。電影海報提供／海鵬影業

到太多矚目，對機器人研究者而言卻相當具有啟發性。當我們開發情緒機器人時，可以容許機器人傷害人類嗎？以工程眼光來看，機器人的「情緒」到底指的是甚麼？以工程手段所實現的「情緒」與人類的情緒有何不同？具有情緒的機器人究竟有甚麼用處？

讓我們先由相當有名的情緒機器人 NAO 談起。由歐盟的大學與法國機器人公司 Aldeberan 共同開發的 NAO，具有可愛的類人形外表，以及相當靈活的行動力。由於 NAO 的靈巧性，它被機器人足球大賽世界性組織 RoboCup 採用，擔任人形機器人組的指定用機器人，而台灣多所大學也都有它的蹤跡。

NAO 另一個特別之處是，開發者宣稱它擁有模仿一歲嬰兒情緒的能力。小嬰兒的情緒表達相當單純，有點類似制約反應，大抵是根據父母或環境帶給他們的直覺感受，經過一番神奇的思索過程，然後決定給你一個天使般的笑容或是瘋狂的大哭。

不過，我們可千萬別小看小嬰兒的情緒表達能力，如果要以工程手段實現小嬰兒的情緒，需要面對怎樣的挑戰？首先，為了判斷父母臉上的表情或肢體的碰觸行為所代表的意思，機器人需要利用攝影機來偵測人臉上肌肉的各種變化，如嘴角、眼角的些許牽動等，以觸覺感測器紀錄所接受到不同形式的觸碰，再藉由電腦程式所建立的各項準則判斷那樣的表情或碰觸代表著何種意義，接著才決定自己應該表現出悲傷或者高興的反應。

基於現有機器人所擁有的感測能力、運動的靈巧度，以及電腦智慧的限制，來自人類的訊息勢必不能太複雜，機器人才能做出適當的回應。大人在面對小朋友時需要展現出比較誇張的表情，小朋友才能理解大人想表達的情緒，而當我們面對情緒機器人時也是一樣的道理。如果父母來個皮笑肉不笑或是一抹詭異的微笑，小嬰兒或是機器人如何判斷？

但將各種情緒的判別寫成電腦程式可以實現的規則，並不是一件容易的事。舉例來說，光是笑，就可以有微笑、大笑、奸笑、苦笑、哭笑不得或是笑中帶淚等這麼多的情緒表達，大家可以想像電腦程式必須多複雜才足以分辨及應對其中的差異。我們大概也不能期待機器人會有非常多樣、豐富的表情變化，如果真的想要高度逼近人類所能呈現的表情，那對機器人臉部的材質以及馬達精緻度上的要求將會相當高。因此，機器人的情緒展現多半是預先設計好的一串動作組合，基本上數目有限而且形式固定。另外值得一提的是，藉由人工智慧的學習能力，機器人有可能經由長期的互動來判斷特定使用者的心情，這和具學習功能的語音或手寫字辨識系統是類似的。

情緒的表達真是相當困難的一件事，日常生活中我們也常常會表錯情或讀錯情，所以 NAO 的開發者也表示它模仿的只是一歲小孩的情緒技能。機器人要能在一般生活上與人類自然地情緒互動，仍然有一段很長的路要走。然而，我們依然十分期待像情緒這樣一種非語言的溝通方式，它常常能帶給我們比語言更強烈的感受，也可讓機器人與人的溝通更加直接、直覺。當機器人能夠與人自然的互

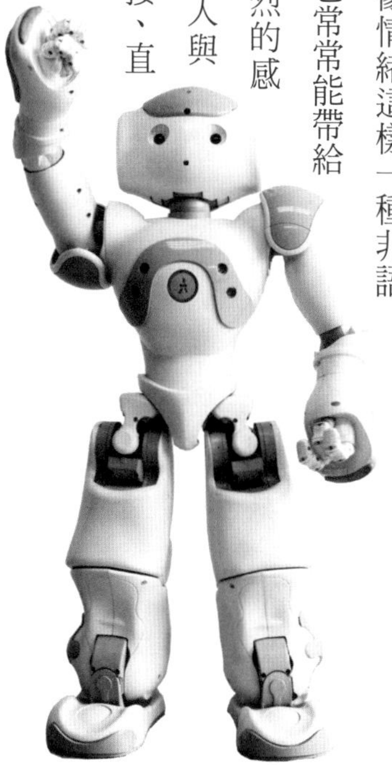

↑身為 RoboCup 指定用機器人，在台灣多所大學也有 NAO 的蹤跡。照片攝於交通大學宋開泰教授實驗室。

動時，人類會更習慣它們的存在，因而也更有機會普及於我們的生活中。

但另一方面，我們也不禁會想，機器人與人類所擁有的情緒應有所不同吧？而情緒真的可以利用工程手段製造出來嗎？以程式撰寫、由機械方式所產生的情緒到底是甚麼意義呢？事實上，機器人是不會有情緒的。由於機器人不像人類具有情感、擁有意識，所以它不會有所謂的喜、怒、哀、樂的感覺，而它利用電腦程式與機械結構所展現出來的「情緒」，是我們人類的解讀，甚至可以說是一種假象，機器人並不會意會到自己的「心情」，也無感於自己所表現出來的行為。如此說來，我們可以了解，以現有的機器人科技是不可能完成電影中的 EVA，艾力也不至於一開始認不出 EVA 是自己所設計的機器人。

電影中也談到，能不能讓機器人的情緒表達隨著我們的狀況進行調整呢？比方說，當我們忙碌時，機器人可以淡定些，當我們需要安慰時，就可以熱情洋溢點。如此一來可就有矛盾之處了。情緒機器人服務我們的方式不正是製造各種情緒來與我們互動嗎？如果它的一切反應都在我們掌握之中，那還有何樂趣可言？試想一下，一個完全聽話的情人是多麼地缺乏情趣啊？但另一方面，我們又可以放任機器人的情緒到甚麼程度呢？試想一下，一個處於青春叛逆期的小孩表現出來的情緒，那真是對父母的巨大考驗啊！再者，當我們期待機器人擁有情緒的同時，它的情緒如果無法被滿足，後果會是甚麼呢？

電影中的 EVA 並不想傷害「她」的母親，「她」也並非有意違反機器人不得傷害人類的法則，但情緒常常會導致意外，正如電影中所透露的，機器人設計者也許能讓 EVA 的外觀、日常生活上的行為近乎完美，但人類的情感真的有可能以電腦程式寫出來嗎？這又是另一個故事了。

Robot 隨堂考

1. NAO 除了外型可愛、活動靈巧，最大的特點是甚麼？
2. 機器人要能判讀出別人的情緒，主要是偵測人類哪些特徵的變化呢？
3. 為甚麼 NAO 的情緒能力會被設定在一歲嬰兒呢？受限於甚麼條件？
4. 如果加入人工智慧，對於機器人的情緒判讀有幫助嗎？

機器人與法蘭克
教唆機器人犯法該當何罪？

機器人犯下偷竊罪，
但犯罪的原因是為了幫助它的主人，
這該如何定罪呢？

片　　名 機器人與法蘭克（Robot & Frank）

導　　演 傑克．席瑞爾

上映年份 2012 年

主　　演 法蘭克．藍吉拉、蘇珊．莎蘭登、麗芙．泰勒、詹姆斯．馬斯登

簡　　介 法蘭克是一位退休的獨居老人，他的兒子高價購買機器人來照料其日常生活。年輕時就習慣順手牽羊的法蘭克原本不願接受，但漸漸發現他可以利用機器人程式設定上的漏洞，控制機器人加入他的偷竊行動……

當我們購買機器人來幫忙家務時，當然會設定它必須聽從自己的命令，但是我們可以藉機濫用機器人的忠誠，教唆它從事非法行為，同時還要求它要有職業道德、保守主人的秘密嗎？這會不會讓機器人左右為難、無所適從呢？在2012年上演的《機器人與法蘭克》（Robot & Frank）講述的就是這樣的一個故事。這部電影是由傑克・席瑞爾（Jake Schreier）所執導，演員陣容十分堅強，除了蘇珊・莎蘭登（Susan Sarandon）、麗芙・泰勒（Liv Tyler）等知名影星，還包括飾演法蘭克的老牌明星法蘭克・藍吉拉（Frank Langella）。

故事的一開始，由於身體大不如前的法蘭克不願意在養老院度過餘生，於是乎兒子買來了高檔的居家照護機器人來照顧他的起居。年輕時身為神偷的他，依然保有當年桀傲不遜的性格，非常排斥機器人對他的叮嚀與監督，但久而久之，卻也發現一板一眼的機器人並不難相處，甚至彼此之間發展出特殊的情誼。於是，他靈機一動，想到一個絕妙的點子，具有學習與技藝能力的機器人不正可以協助他重振昔日神偷雄風嗎？一開始，情況真如法蘭克想的一般順利，這組人與機器人的搭檔合作無間、無往不利，甚至一掃被兒子看不起的怨氣。但法網恢恢、

↑在《機器人與法蘭克》電影裡，機器人成為主角的「犯罪夥伴」。劇照提供／采昌國際多媒體

疏而不漏，他們的行徑終於被警方盯上。法蘭克當然不承認犯行，但不會說謊的機器人怎麼辦呢？為了保護法蘭克，機器人要求法蘭克將它關機。但對於法蘭克來說，它已經不再只是機器人，更是知音與夥伴，劇終就在感傷的氣氛下，觀眾陪著法蘭克一起向「機器人」說再見！

《機器人與法蘭克》是部科幻電影，劇情裡的很多橋段看來並不切實際，但如果有一天，科技真的進步到能夠開發出像電影中那樣先進的居家照護機器人時，是不是我們也必須訂出一些規範讓機器人遵守呢？一方面用來確保人類使用機器人時的安全性，另一方面也可防止人類對機器人的誤用。不過，仔細想想，要求機器人「奉公守法」真的不太合理，因為機器人並沒有意識，也不會想主動做些甚麼，它就是按照主人的指示做事，這些規範、法律到底所為何來呢？問題就出在機器人具有遠超過其他科技產品的能力，就像電影中法蘭克教唆機器人偷竊一樣，機器人一旦犯錯，它引發的後果可是非同小可。也因此，寫給機器人的規章，其實是用來限制主人的行為，如果出了差錯，後果當然應該是指使者來承擔，畢竟處罰機器人的意義並不大。

對於機器人的規範，深謀遠慮的機器人科幻大師艾西莫夫早就為人類與機器人訂下一份契約，那就是機器人三大法則，立下了幾項機器人和人相處的關鍵議題，嚴格要求機器人不可以傷害人類或因不作為而使人類受到傷害、必須遵守人類的命令、以及需要保護自己。只不過，有了機器人三大法則，我們是不是能就此放下心接受機器人所提供的服務呢？很遺憾地，答案並不見得是肯定的。因為機器人三大法則所規範的部分，主要是人和機器人在安全上的保障以及兩者之間主從地位的確立，這些確實至關重要，但它並沒有詳細界定實際生活中會發生各種犯錯的可能，也沒有提出相對應的罰則。比方說，在《機器人與法蘭克》中，機器人所犯下的是偷竊與隱匿證據，但它犯罪的原因是為了幫助它的主人，這該如何定罪？如果機器人被判有罪，那它又應該受到甚麼樣的懲罰？是要入獄服刑、罰款，還是像電影裡一樣被關機銷毀呢？

就像人類法律的複雜與糾結，制訂機器人的專屬法律絕對不是一件簡單的事，同樣需要參照當地的社會背景、風土民情，凝聚使用者的共識一起建立共同的規範，就像各個國家不同的醫療法規，會影響到彼此對醫療機器人的使用方式，例如給錯藥、開錯刀時該如何處理。但比起法律本身，如何讓機器人真正「了解」法律條文，反而更具挑戰性，因為就算是再先進的機器人，終究沒有擁有像人類一樣的大腦來認識法律，它的運作就只能仰賴電腦裡所撰寫的程式。關於這一點，也許大家會認為，那我們就將法律條文寫成機器人可以執行的程式不就好了？但事情會有這麼簡單嗎？

要將機器人所要遵守的法規精確地寫成電腦程式，絕對是一項艱鉅的任務。舉例來說，面對社會上日漸兇殘的犯罪行為，不禁會讓我們興起讓機器人擔任警察的念頭，在不少機器人電影裡，便可以看到這樣的角色設定，像是《機器戰警》

（RoboCop）、《成人世界》（CHAPPiE）等。只不過鮮少人討論當機器人面對可能的罪犯時，我們要如何以電腦程式來界定開槍對象與用槍時機呢？人類的警察可以利用對方的敵意加以判斷，但敵意要如何以程式來表示？也許我們可以先從對方有沒有拿槍考慮起，但光是這一點就已經很困難。電腦要怎麼判斷那是真槍、還是假槍，甚至只是形狀相近的物品呢？再者，對方拿槍也不代表他有開槍的意圖。這得進一步看一下槍枝是不是正面朝向我們？那正面指的是槍枝與胸前保持在90度，一度都不能偏差，還是在正負10度之間都可以？那如果是正負11度呢？需要考慮的狀況這麼多，這程式要怎麼寫？就算真寫得出來，等機器人終於做出判斷，嫌犯早跑掉了吧！

也因此，基於遠高於其他家電產品在法規與安全性上的考量，截至目前為止，真正能進入到人類家庭服務的機器人，大概就只有吸塵機器人。因為它的功能相對簡單，真的出狀況也不至於有太大的危害。但無巧不巧，在2014年，奧地利就曾經傳出吸塵機器人「自焚」事件，根據媒體報導，被用來清理地上早餐碎屑的機器人，在主人關機出門後，竟然自行啟動、爬上爐子，接著推開鍋子、點燃爐火，讓自己在一片火光中化為灰燼。出事的機器人難道是因為受不了工作壓力，因而選擇違背機器人三大法則，結束自己短暫的生命嗎？還好，這個事件毋需動用到名偵探柯南來解謎，真相是單純的機械故障，也就是場意外。但即使是樁意外，整起事件的戲劇性，仍讓人印象深刻！

以機器人所擁有的智慧與行動力，未來的發展空間的確很令人期待。但同時也由於它的優異功能，讓我們在使用上更加地戒慎恐懼，因為一旦出了狀況，所造成的傷害也會更大。未來機器人能不能普遍應用到生活的各個層面，所要考慮的絕對不僅僅是技術面向，而是即使再困難、程式再難寫，相關的法規也必須到位。此外，還有一項絕對不能忽略的議題，那就是機器人出事時的責任歸屬，到底是使用者、廠商、還是設計者呢？如果我們不能清楚地界定出責任歸屬，誰敢像《機器人與法蘭克》電影中一樣，將那種功能強大的居家照護機器人送到家裡面來呢？因為會發生的災難也許不只是自焚事件，一個不小心，可能整個家都沒了啊！

Robot 隨堂考

1 我們為甚麼需要機器人規範和法律呢？是為了約束誰？

2 制定機器人專屬法律需要考慮哪些因素？

3 將法律條文寫成機器人可以執行的程式很簡單還是極其困難？為甚麼？

4 機器人的功能如此優異，為甚麼我們不全面應用到生活中的各個層面呢？

在成人世界裡
被黑道撫養長大的機器人

機器人可能像人類一樣，
透過持續不斷的學習來吸取更多的知識、
學得更多的技巧嗎？

片　　名 成人世界（CHAPPiE）

導　　演 尼爾・布洛姆坎普

上映年份 2015 年

主　　演 沙托・科普利、休・傑克曼、戴夫・帕托、雪歌妮・薇佛

簡　　介 在未來皆由機器人維持治安的社會中，工程師威爾森開發出機器人查皮，他擁有人工智慧並能思考和學習。然而，查皮卻落入犯罪集團手中，誤入歧途。而同時，政府認為能夠思考的機器人，將會危害全人類的生存，因此展開追捕查皮的行動……

如果有一個機器人，它和人類小孩一樣，需要經過學習的過程才能讓自己的智慧、能力慢慢發展成形，那它的啟蒙環境絕對相當關鍵，萬一它的收養家庭來自黑道，那它的機器人生會變成甚麼樣子呢？在 2015 年所推出的《成人世界》（CHAPPiE）講述的就是這樣的一個故事，在華麗的特效襯托下，帶領著觀眾領略一個植入學習程式的機器人，從嬰兒時期到逐漸長大成人所經過的陰晴圓缺、生命歷程。

這部電影是由一出道就備受矚目的新銳導演、來自南非的尼爾．布洛姆坎普（Neill Blomkamp）所執導，以「金鋼狼」著稱的休．傑克曼（Hugh Jackman）以及《貧民百萬富翁》（Slumdog Millionaire）中的戴夫．帕托（Dev Patel）擔綱演出。不同於以往機器人電影常見的觀點，導演試圖顛覆我們對機器人功能強大、無堅不摧的既有形象，讓它必須像個孩子一樣從零開始，一步步學習如何面對這個世界。因此當我們看到它身陷黑道環境時，會特別不忍心，不由得雙手糾結、冷汗直流！

在《成人世界》中，身為主人翁的機器人查皮（Chappie）之所以會誕生，乃是因為原本機器人公司所開發、用以維護治安的機器人並不具有人性，為了提高社會大眾的接受度，戴夫．帕托所飾演的天才機器人工程師迪昂設計出具有絕佳學習能力的程式，並將它植入查皮身上，心想如果查皮能夠在成長過程中逐步學習到人類社會所需遵從的各種規範、倫理，甚至是人文、美學等，而不是仰賴死板的程式設定，那就有機會在處理比較複雜的案件時，不至於誤判形勢，誤傷無辜。迪昂也費盡心思為查皮安排了一系列的自學方案，眼看查皮的前途一片光明，就要成為社會棟樑之際，偏偏陰錯陽差，查皮落入黑道手中！劇情急轉直下，這位熱愛學習、對各種新鮮事物都充滿好奇心的小傢伙，在家中受到暴力對待，在外面因自己的奇形怪狀而遭受霸凌，它的「機器人生」馬上由彩色變成黑白。

動作栩栩如生、天真無暇的查皮令人好生憐愛，而它的處境也讓人不勝唏噓。回歸技術面來看，具有學習能力的機器人真的那麼容易開發嗎？機器人可能像人類一樣，透過持續不斷的學習過程，來吸取更多的知識、學得更多的技巧嗎？真能如此，那可是相當值得期待。但實際上，現今絕大多數的機器人所具備的功能，都是在製造過程中已經事先設定好，不會被賦予學習能力，即使有的話也是極其有限。就像是汽車工廠中用來執行噴漆任務的工業機器人，當工程師將噴漆的流程經由程式一一寫定後，機器人所要做的，就是對著一部又一部由生產線送上來的汽車，不斷地重複執行相同的噴漆動作，並沒有學習的必要性。

因為工廠中的環境井然有序，所要面對的工作也大多具有固定的流程，加上同樣的工作常常需要長期執行，時間動輒半年、一年，就算機器人的能力僅能根據寫好的程式加以執行，其實已經夠用了。可是當我們想將機器人應用到日常的生活環境時，那情形可就大大的不同！比方說，如果我們期待機器人能夠煮一頓豐盛的晚餐，或是協助我們的居家生活，那它們可得好好地熟悉家中廚房的餐具擺設、室內的家具位置等，但家中的環境並非一成不變，家中的成員也會到處走動，機器人要想在充滿變數與不確定性的工作環境下生存，那還非得具有學習能力不可。

那麼，要如何讓機器人像人一樣的學習呢？首先我必須非常煞風景地指出一個盲點：機器人無法以人類的方式來學習。所謂橋歸橋、路歸路，兩者硬是不同。人類具有生命，是以生物的智慧思考，但機器人是機器，採取的策略就只能是電腦所使用的人工智慧，或者稱之為機器學習。人類可以天馬行空的聯想、跳躍式的思考、甚至是很無厘頭的狂想。但機器學習則需要按部就班照規矩來，一點都不能馬虎。簡單地說，也就是機器人無法像人類一樣應付比較開放式的問題，比方說，如果你讓它去聽天王歌手周杰倫的歌，它應該會覺得頭很痛。或是請它讀一首詩，「今晚的星空很希臘」、「我達達的馬蹄是美麗的錯誤」，你覺得機器人有何感想？

機器學習主要涵蓋「搜尋」與「推衍」兩種能力。搜尋是指它可以根據所選定的字串，在一定的範圍內搜尋出答案。舉例來說，當你輸入"Chappie"，搜尋軟體很快就能從資料庫找出一連串和 Chappie 有關的項目，在搜尋的功能上，電腦比人類厲害多了！像是 google search、google map 等，都相當實用。但是就算它很會找資料，也就僅止於搜尋本身，至於到底哪一個資料最適合，怎樣來分析資料，還是得仰賴人的判斷。至於推衍的部分，則是利用程式設定一些規則來推論出答案，比方說，如果想要建立可以看病的醫學軟體，我們可以根據各種疾病以及它所對應的症狀建立規則，之後你只要輸入目前身體的狀況，電腦就會告訴你，到底生了甚麼病？還不錯吧！但是如果你的症狀並不在規則所描述的範圍內呢？很抱歉，電腦完全不知道該怎麼辦。請問，在這種情形下，你生病時，會想查電腦、還是看醫生呢？

雖說，想讓機器人擁有接近人類智慧的難度簡直是在和創造人類的上帝抗衡，實在不太可能。但是機器人、人工智慧領域的學者可沒有放棄努力，他們從觀察人類到底如何學習著手，陸陸續續提出各種新的機器學習理論，比方說相當有名的「神經網路模型」，就是從人類腦部的神經系統得到靈感，試圖複現人類的學習機制。此外，「模糊理論」也相當受到重視，這個方法是源自對人類行為模式的模仿，仔細想想，人類做許多事都是模模糊糊，並不精確，比方說，當我們描述一些動作時，常常會採用往左邊一些、速度快一點這種概略性的說法。但是模糊歸模糊，這卻是人類習慣面對環境的方式。所以，如果有一天機器人真的進到我們的生活當中時，讓機器人能夠了解模糊的指令就相當重要，比方說，當我們要求機器人幫忙拿東西時，不能只說明它是在右手邊、稍微前面的地方，而是必須精確地指出物品是在東方往北偏25度、距離 0.52 公尺的位置，這樣似乎太累人了吧！雖然以現階段工程的學習方法來看，離真正的生物智慧都有一段不小的距離，卻也指出了未來可以努力的方向。

《成人世界》電影的最後，查皮和迪昂各自的軀體都遭到毀壞，於是他們分別將自己的意識上傳到新的機器人身上，繼續延續他們的生命。這可又衍生出另一個非常有趣的議題，是不是只要意識能夠保存下來，即使換了軀殼，我們仍然可以認定原來的生命依舊不變呢？若真能如此，人類豈不是就有機會長生不老了？那秦始皇也就不用辛辛苦苦到處找尋長生不老藥。只可惜這技術的難度可是遠超過讓機器人擁有人類的智慧，人的意識不可能如此輕易地上傳到其他個體，更不用說是傳遞到機器人身上了。所以，長生不老的夢想，大家放在心上就好。

Robot 隨堂考

1 應用在日常生活中的機器人需要具備哪些學習能力呢？

2 機器學習主要涵蓋哪兩種能力？

3 機器人、人工智慧領域的學者們為了讓機器人擁有「智慧」，發展出那些理論？

我們做不到的機器人出馬

Whatever we cannot do Ask Robots

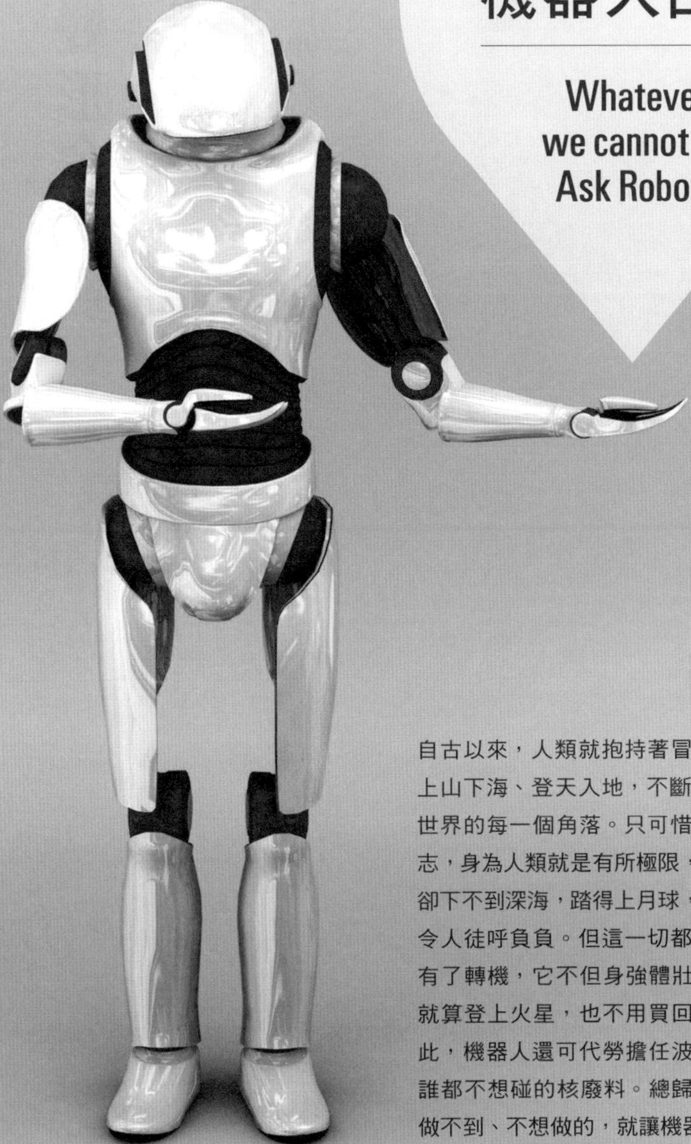

自古以來，人類就抱持著冒險犯難的精神，上山下海、登天入地，不斷地將觸角伸展到世界的每一個角落。只可惜縱使擁有雄心壯志，身為人類就是有所極限，登得了聖母峰，卻下不到深海，踏得上月球，可到不了火星，令人徒呼負負。但這一切都在機器人登場後有了轉機，它不但身強體壯、又吃苦耐勞，就算登上火星，也不用買回程機票。不僅如此，機器人還可代勞擔任波麗士大人，清理誰都不想碰的核廢料。總歸一句，凡是我們做不到、不想做的，就讓機器人出馬吧！

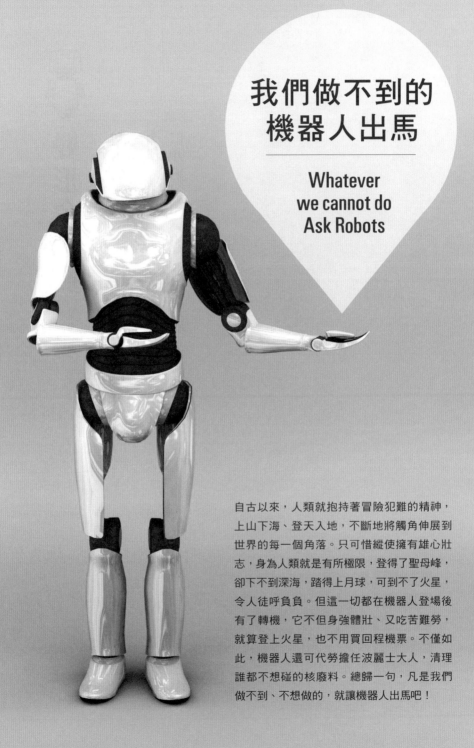

變形金剛變變變

利用同一組機械元件轉換成不同用途產品的概念，相當有創意與實用性，但變形金剛真的是機器人嗎？

片　名 變形金剛（Transformers）

導　演 麥可．貝

上映年份 2007 年

主　演 西亞．李畢福、泰瑞斯．吉布森、喬許．杜默、梅根．福克斯

簡　介 來自外星球的機械生命體狂派，想取得「火種」以成立機器軍團，而對立的機械生命體博派則設法阻止對方。兩派人馬發現地球上有火種的蹤跡，因此來到了地球……

在機器人科幻電影的推波助瀾，以及自動化產業日益受到重視的情形下，有越來越多的青年學子開始對機器人產生興趣，進而熱衷於機器人的學習。其中，《變形金剛》（Transformers）就對這股熱潮有相當貢獻，從 2007 年的首部曲到 2014 年的第四集，《變形金剛》系列電影全面席捲了機器人迷的目光與票房，麥可・貝（Michael Bay）這位擅長執導大片的名導，在片中大量運用特效，以極其華麗、流暢、目不暇給的機器人變形過程，帶給觀眾視覺上高度震撼與享受，從票房的熱烈迴響、網路討論不斷以及各種周邊商品的熱賣，可見電影對年輕世代的影響力不容小覷。

除此之外，《變形金剛》也不會忘記帶給觀眾機器人電影不可或缺的動作與暴力情節，電影從頭到尾充斥著眼花撩亂的博派、狂派機器人的大車拼，看了直叫人血脈賁張。電影中還不忘加入美女的角色，稍稍化解片中的陽剛味。這裡岔題一下，在機器人電影中，女性往往不是一路驚叫、就是扮演花瓶，但在巾幗不讓鬚眉的今天，這樣的刻板印象也該有所改變了吧！

回歸正題，現實生活中，科技仍不足以打造出像變形金剛這般能瞬間變形的機器人，但利用同一組機械元件轉換成不同用途產品的概念，卻是相當有創意與實用性。以大黃蜂為例，它可以變身為汽車高速行駛，也可以轉換成人形施展拳腳，真的是送禮自用兩相宜。這樣的「變形」概念，其實在現實生活中早已有類似的應用，像是在一些知名的水岸都市，原本行走在馬路上的觀光巴士，可以直接開進河裡或海邊。只見它俐落地收起車輪，三兩下就變身成水上遊艇，大大提升觀光吸引力。為了能達到多重用途的目的，設計變形機構的工程師可是費盡巧思，思考如何以相同的元件組裝出完全不同的結構，在此同時還能夠極其順暢地完成兩者之間的轉換。請特別注意，彈性的事物通常意味著不夠牢靠，轉換之間的銜接相當重要，千萬要將螺絲鎖緊，才不會在耍帥變形的當下，一個不小心讓整個機構垮掉，那可要零件掉滿地了！

如此說來，無論從科幻或科技面來看，《變形金剛》無疑是相當具有代表性的機器人電影，符合觀眾對聲光效果的期待，又緊密連結現今科技。但在這裡，我想冒著被粉絲痛打的危險，質問一個很煞風景的問題：「變形金剛真的是機器人嗎？」

這是甚麼怪問題？當變形金剛還沒變形成汽車，或是坦克、飛機時，看上去不就是人形樣貌的機器人嗎？秉持著實事求是的精神，加上凡事不能只看表面的實證態度，且讓我們一塊回歸到機器人的定義來做判斷，先了解一下從工程的角度是如何看待機器人呢？維基百科對機器人的定義是：「機器人乃是藉由電腦程式或電子電路所運作之自主或半自主式的機電系統，常由於具有近似生物的外觀或足以展現自主性的行為，讓人感覺它具有智慧或自己的想法。」以此說法來看，

↑漫步高雄駁二藝術特區，赫然遇見大黃蜂變形金剛！

機器人即使擁有近似人或是生物的外觀或行為，或是看起來像是有智慧或想法，它基本上就是機器，不具有人類般的意識，當然也不會有「自己的想法」。而除了外在形體、組成的差異外，另外一項重大的不同在於，它的決策與操控能力是來自屬於數位邏輯的電腦等機制，而不是具有生物智慧的大腦。

再讓我進一步分析維基百科的說法，作為一個貨真價實的機器人，歸根結柢，它必須具備兩個基本特質，第一點就是，它必須會動。這不是廢話嗎？哪一種機器不會動？別急！這裡面可是有學問的，相較於一般的機器，機器人必須動作很靈活，像冰箱只是偶爾震動一下，就不能被當成機器人。工程上評斷靈活程度的方式是檢視這個機構的自由度，自由度越高就越靈活，像雙節棍硬是比竹竿靈活，因為自由度是二比一。以人來看，身上每個關節就代表一個自由度，所以人的靈活度相當高，而以變形金剛的豪邁變身能力，靈活度自然也不在話下！第一個特質沒有問題！過關！

接下來，第二個機器人需要具備的特質就是自主性，指的就是它能夠獨力面對環境裡的變化與不確定性，一一加以化解，舉例來說，機器人到了一個從來沒有到過的房間，它要能夠掌握裡面的擺設、空間等，自行找出沒有障礙的路徑走到目的地。這也代表一個具有自主性的系統需要擁有智慧、能夠做出合理的判斷，但自主性和智慧並不能畫上等號。比方說，有人絕頂聰明，智商超高，但並不擅於和外界溝通，甚至是很白目，關鍵的差別就在於自主性需要具備良好的溝通能力。以機器人來說，它要能運用各種類型的感測器來偵測外在環境的變化，例如攝影機、力覺感測器等，接下來再利用儲存於電腦中的人工智慧程式，針對所量測到的各種訊息逐一分析、判斷。掌握環境，正確抉擇，兩者不可或缺，變形金剛在這方面的能力明顯是超過人類。再次過關！

既然符合定義，那麼，變形金剛肯定是機器人了吧！且慢！可別忘了人類也具有可移動性與自主性，那人類是機器人嗎？（你不會懷疑自己是機器人吧？）所以，我們需要再加入一條新的檢驗標準，還記得前面維基百科的提點嗎？機器人是機器，它不具有意識，也不會有自己的想法，以此標準來看，無論是博派還是狂派變形金剛都具有自我意識，清清楚楚知道自己在做甚麼，更何況他們把人類打得可慘的，根本就沒有遵守艾西莫夫所定下的機器人三大法則，機器人絕對不可以傷害人類。所以在這標準下，變形金剛可就失去當機器人的資格了。

那變形金剛到底是甚麼啊？謎底揭曉，變形金剛是「外星人」，或是根據電影的說法，它們是外星人的機器人，也因此它們可不是為了服務人類而打造，當然也不會聽從人類的命令。在這個關鍵時刻，我可要大聲疾呼，凡事只要牽扯到外星人，一定要抱持著一顆戒慎恐懼的心！想想看，如果有能力跨越如此遼闊的星際到達地球來的外星人，你覺得它們的智慧、科技會不會遠超過人類？面對如此優越的外星異族，你覺得我們地球人會有甚麼下場？所以每回看到有關美國太空總署送出訊號試圖和宇宙中其他生命聯絡的消息，我都會捏一把冷汗！一方面很敬佩人類勇敢拓荒的精神，另一方面很害怕我們會不會邀請到異形或是魔鬼終結者？所以謹記，不管變形金剛是不是機器人，我們可千萬不要招惹它們啊！

Robot 隨堂考

1. 利用同一組機械元件變化出不同的形體，是個很有趣的概念，但這樣的彈性變化同時也意味著要特別注意哪一件事呢？
2. 如同變形金剛這樣會「變形」的產品，現實生活存在嗎？
3. 變形金剛符合機器人的兩種主要特質，但為甚麼它不是機器人呢？

人類意識的載具：阿凡達

將人的意識上傳到作為載具的阿凡達身上，
讓它成為我們的分身。

片　　名 阿凡達（Avatar）

導　　演 詹姆斯・卡麥隆

上映年份 2009 年

主　　演 山姆・沃辛頓、柔伊・沙達納、史帝芬・朗

簡　　介 西元 2154 年，人類計畫在潘朵拉星球開採珍稀礦產。由於該星球的大氣對人類有毒，因此利用經由基因改造的納美人身體「阿凡達」與納美人交流……

一個人的靈魂可不可以寄放到別人的身體裡？兩個人的靈魂可以互相交換嗎？這是電影或電視劇很喜歡採用的題材，利用彼此身分、年紀、性別等的錯置產生笑點，或製造恐怖氣氛。那如果是將人的靈魂移到機器人身上，可能成真嗎？在2009年上映的電影《阿凡達》（Avatar）就提出這樣一個可能性，電影中地球人利用先進的技術將人的意識上傳到作為載具的阿凡達身上，讓它成為我們的分身。換句話說，阿凡達就像是個機器人，可以讓人類將意識直接移植到它身上，如此一來人類就可以處在安全無虞的遠方，讓高大、健壯的阿凡達替我們冒險犯難。聽起來好像很吸引人，但這樣的技術真的存在嗎？

《阿凡達》以最新開發出的3D技術拍攝，精采奪目的視覺效果讓沉寂許久的3D電影再次受到矚目，導演詹姆斯·卡麥隆也繼《鐵達尼號》之後，再創生涯高峰。《阿凡達》的故事背景設定在2154年，為了開採潘朵拉星球上的珍稀礦產，人類遠征到納美人居住的部落，與納美人產生了巨大的衝突。為了更深入了解納美人，人類培養了阿凡達——經由基因改造的納美人身體。電影的主人翁，由山姆·沃辛頓（Sam Worthington）飾演下肢癱瘓的科學家傑克·蘇里，他對人類為了自己的貪婪而迫害納美人、並危及他們世代生活的環境這樣的行徑相當不認同，故他藉由足以跨越長距離障礙的傳送艙，將自己的意識即時傳遞到阿凡達身上，操縱阿凡達的一舉一動，融入納美族的生活，最後帶領納美人打敗具有優勢武力的地球遠征軍。這部電影以3D影像呈現出絢麗的潘朵拉星球與氣勢磅礡的戰爭場景，並傳達出尊重異文化與大自然的意涵，讓它既叫好又叫座，順勢成為截至2015年影史上最賣座的電影。

阿凡達這個名詞來自梵語，指的是印度教神祇以肉體形式出現時的化身。在電影中，我們看到男主角擁有的是阿凡達的外表，但他的內在不折不扣就是傑克・蘇里的心智，由此看來，阿凡達確實是男主角的化身。類似的概念也曾經出現在2009年由知名動作片明星布魯斯・威利（Bruce Willis）所主演的《獵殺代理人》（Surrogates），這部電影敘述在一個未來的時代，人人都可擁有與本尊極其相似、栩栩如生的代理機器人，而且還提供客製化服務，想要更年輕、更英俊、更美麗等等任你選擇。讓人忍不住想像，如果未來真有阿凡達或代理機器人，我們的生活是不是會更好呢？

哪天不想上班、上課時，就派機器人去代班，自己躲在家裡喝珍奶、看漫畫、打線上遊戲，多好啊！外面環境險惡、交通又混亂，少出門為妙！而且可以不到韓國整形就有個帥帥、美美的分身，有這樣的好康還不趕快上網訂購？但此等好事會不會有後遺症呢？《獵殺代理人》就勾畫出另一番情景：由於人人都擁有自己的代理機器人，漸漸地大家都不出門了，而透過代理機器人的交往，讓人與人之間像是戴了面具在互動，也越來越感受不到真實的對方，連帶讓人際之間的距離日漸疏離，甚至連夫妻、家人也形同陌路。所以，有個分身機器人是福是禍，還很難說。

不過從現實科技的發展來看，《獵殺代理人》中的代理機器人概念並非全然科幻，它其實是有科學根據的。代理人的概念是受到以研究分身機器人享譽國際的日本大阪大學石黑浩教授的成果所啟發。石黑教授最著名的事蹟是在 2006 年推出以自己為藍本的分身機器人，當然此分身達不到像《獵殺代理人》那樣足以亂真的地步，現有的技術也還沒有高明到讓我們無法區分出誰是石黑教授、誰是分身，但乍看之下，兩者之間已經有彼此是分開多年雙生兄弟的味道。外表相似

↑石黑浩教授和他的分身 Geminoid HI，你分得出來誰是誰嗎？照片提供／石黑浩教授研究室

之餘，要如何能將石黑教授的意識傳送到分身呢？這個部分的工程手段其實相當取巧，就是採取遙控的方式，透過電腦連線，直接以本尊的身體姿勢、手勢、表情以及說話等動作操作分身機器人，換句話說，就像是將機器人當作是布袋戲偶，讓它隨著本尊說一動、做一動。

既然目前的分身機器人與本尊並不完全相像，一看就能看出差別，那它真能代替我們做些甚麼嗎？為了展現它的實用性，石黑教授進行了兩個有趣的實驗。在第一個實驗裡，他讓當時還很年幼的女兒與此分身機器人同處一個房間，想要觀察小朋友對此分身會有甚麼樣的反應。當他透過分身與女兒對話時，小女孩展現出相當困惑的表情，這個看起來像爸爸、聲音像是爸爸的大傢伙到底是誰？雖然小女孩感到困惑，但終究還是半信半疑，並不完全相信這就是爸爸。在第二個實驗中，石黑教授提高難度，讓實驗室裡的研究生與分身機器人一同進到會議室，研究生可不像小孩那麼好騙吧！事實上，當下同學們都竊竊私語，一看就知道不是老師本人，老師想幹嘛？可是當分身以老師的聲音一開口，指著A同學說到論文的缺失，B同學有未完成的作業，這下子所有同學都開始緊張了，已經沒有多餘的精神來挑剔本尊與分身的差距，直認為事情嚴重了，老師上身了！

除了上述擔任代班老師的例子外，美國也有一件相當溫馨的分身機器人應用實例。來自水牛城（Buffalo）的小學生戴文（Devon Carrow-Sperduti），因罹患嚴重過敏症，只能吃蘋果、玉米和馬鈴薯，而且與同齡小孩接觸時可能會發生致命危機，因此無法到學校上課。戴文的母親為了他的學習，決定以輪式互動型機器人VGo代替戴文上學，VGo上面架設有攝影機與螢幕，可以偵測四周環境、提供訊息，是非常好的移動溝通平台，透過 VGo，戴文在家就可以聆聽老師講課、參與課堂活動，也可以和同學聊天。雖然 VGo 的外表並不像戴文，但有了它作為分身，戴文就彷彿身在學校一般。

以現階段的機器人技術，的確無法製造出像《阿凡達》或《獵殺代理人》這樣的分身機器人，即使在可見的未來，分身與本尊在外表上會越來越相像，仍然不至於無法分別，想要無縫接軌地將人類心靈上傳到機器人上，更是前路方遙。但以機器人作為分身的概念，確實有它的應用價值，除了能幫忙像戴文這樣需求的小孩外，也將會在各種可能的情境中代替我們現身，畢竟比起單純的視覺影像，分身機器人的互動性與實體感可是豐富許多！

Robot 隨堂考

1. 代理機器人有哪些可能的應用？
2. 現行的機器人，如果要和人類的意識連結，是透過甚麼樣的技術呢？
3. 代理機器人有實際應用範例嗎？

你知道嗎？鐵達尼號有機器人！

這部經典浪漫的災難電影
是由尋找海洋之心開始，
但你記得是誰負責下海尋寶的嗎？

片　　名 鐵達尼號（Titanic）

導　　演 詹姆斯．卡麥隆

上映年份 1997 年

主　　演 李奧納多．狄卡皮歐、凱特．溫絲蕾、比利．贊恩、凱西．貝茲

簡　　介 1996 年，寶藏獵人洛維特與他的團隊前往北大西洋考察著名的沉船鐵達尼號，尋找船上價值連城的鑽石項鍊「海洋之心」。他們輾轉聯繫上當年生還的旅客蘿絲，回憶起 1912 年的她登上當年最大郵輪鐵達尼號遇見傑克，發展出一段浪漫又終生難忘的愛情故事……

說起詹姆斯・卡麥隆導演，大家應該是如雷貫耳，可是不知道大家有沒有注意到，這位注定會在影史留名的國際名導是位機器人熱愛者，他所執導的多部電影都有機器人的身影。在《異形》第二集中，他讓女主角雷普莉操縱大型戰鬥機器人和異形決鬥；接著在《魔鬼終結者》（The Terminator）裡，他塑造出讓人聞風喪膽的魔鬼阿諾，以及他那句令人不寒而慄的經典台詞「I will be back」；到了《阿凡達》，我們看到地球遠征軍的上校指揮官駕駛起比起《異形》第二集更加先進的戰鬥機器人，在電影的最終與男主角蘇里化身的阿凡達展開世紀大對決；而在《鐵達尼號》（Titanic）裡…，且慢！鐵達尼號是在於1912年4月首航，當時工業機器人都還沒有誕生，船上哪來的機器人啊？

由卡麥隆所執導、1997年版本的《鐵達尼號》是部史詩般的災難電影，號稱永不沉沒的超級郵輪，於首航之旅不幸在黑夜中撞上冰山後沉入大海，劇中李奧納多・狄卡皮歐（Leonardo DiCaprio）所飾演的窮小子傑克愛上了凱特・溫斯蕾（Kate Winslet）擔綱的千金大小姐蘿絲，典型階級不對等的愛情故事，在船難的襯托下，更顯其淒美，也讓傑克與蘿絲成為浪漫的代名詞。電影中展現出令人震撼的沉船過程以及傑克與蘿絲彼此之間為愛而犧牲的真情付出，緊張之餘、又賺人熱淚。等一下！傑克與蘿絲兩人你儂我儂，那容得下機器人這個第三者，機器人到底在哪裡啊？

原來，卡麥隆是從1996年來說這個故事，電影一開始，在鐵達尼號沉沒八十多年後，尋寶人洛維特和他的團隊試圖在沉船地點打撈傑克與蘿絲的定情之物，也就是傳說中價值連城的鑽石項鍊「海洋之心」。但鐵達尼號深沉大海多年，要在它的殘骸中尋找一條項鍊可不是一件容易的事，這個時候最適合登場的，不就是我們期待已久的機器人嗎？尋寶隊讓精巧的水下機器人潛到海底，只見它靈活地在鐵達尼號殘骸裡四處穿梭，來去自如地從一個船艙越過另一個船艙，終於鎖定目標，找到保險櫃，但裡面保存的並不是海洋之星，而是傑克為蘿絲所畫、她裸身戴著海洋之心的素描，也就此引出他們之間的愛情故事。

其實，以1996年的機器人科技並無法製造出電影中的水下機器人，但由於潛水人員並無法下潛到3800公尺的深海，於是身為機器人迷的卡麥隆，讓來自未來的機器人科技提前誕生，卻又不失自然地融入電影劇情中，不至於讓觀眾將

《鐵達尼號》誤解成機器人科幻片。事實上，這部水下機器人所展現出的高超能力，有些到今天都還未能實現呢！接下來，我們就來一一拆解到底那些技術是遠超出它的時代。

這部水下機器人基本上就是一種遙控機器人系統，負責操縱的工程師在船上，機器人則在水下運作，由於彼此分隔兩地，距離太遠看不到對方，因此這樣的遙控系統能夠成功的主要關鍵在於兩者之間的溝通是否順暢。首先，操作者要能設身處地與機器人同在，就像是自己身歷其境一般地感受到機器人在遠方的環境；再來，操作者所下達的指令，機器人必須能夠精確、即時的執行，讓機器人像是操作者肢體的延伸，如影隨形，達到所謂的人機合一的境界。

以此標準來看，鐵達尼號上的水下機器人可真應了一句話：「傑克，這真是太神奇了！」試想一下，要將位處深海鐵達尼號殘骸的情形，透過機器人的攝影機忠實地呈現在操作工程師眼前的螢幕就相當不容易，光線、攝影機視角、海底的狀況等等都是挑戰，不太可能像電影中那麼清晰地觀察到船內的情景，機器人當然也不可能完全沒有延遲或失誤地跟隨著工程師的動作在深海中自由的移動。

第一，海水是有阻力的，更不消說水流的影響；其次，操作指令需要透過有線或無線的方式來傳遞，通常會採取無線傳輸，不然三轉、兩轉，電線纏成一團怎麼辦？而只要是遠距訊號傳輸就不能忽略時間延遲的影響，更何況前面所提到，工程師其實看不清楚船內的情形，這也更增添操作上的困難。

回到今日，遙控機器人的進展又是如何呢？居間擔任人與機器人橋樑工作的人機介面距離人機合一的理想又有多遠呢？

人機介面的基本配備包括提供使用者輸入指令的操控器，以及呈現遠方環境的影像或電腦繪圖系統。操控器的設計概念要求能達到易於上手、操作直覺的目的，就像我們期待玩 Wii 時會有個能夠密切配合我們肢體動作的手把。在了解機器人所處環境的情形方面，工程上常採用所謂遠端呈現的技巧，結合攝影機取得的影像與電腦繪圖技術來建立比擬真實的虛擬環境。由於希望操作者不僅能看到、同時也能觸摸到環境中各項事物的變化，所以需要在機器人上面加裝視覺與力覺感應器。至於人與機器人之間訊號傳輸的部分，主要是透過網路進行傳輸，那就需要考慮到傳輸延遲對遙控機器人的影響，畢竟有些工作不能承受操作上的失誤，像是如果將遙控機器人應用到越洋手術，那可是一分一毫都不能有所閃失，這時候則可以採取專線的方式以確保資訊的暢通。

科學家開發遙控機器人的初衷，目的是應用在不適合人類活動的環境或具危險性的工作上，像是外太空、深海探測，或是爆裂物拆卸、核廢料清理等，但現階段遙控機器人系統的能力，相較於人類仍然存在著一段相當大的距離。回想2011 年日本發生 311 福島核災時，以日本在機器人領域的成就，以及在遙控機器人研發的豐富經驗，照理說應該會派機器人進入災區救難，但一開始，除了歐美派出偵測型機器人協助了解災害現場，日本並沒有送機器人直接進入重災區，反而是到了後期才有清運型機器人支援搬運受輻射汙染的廢土。其中主要的原因是現有的遙控機器人並沒有在惡劣、充滿變數的環境中工作的能力，如果貿然使用機器人，一旦發生問題，裡面的電子元件、溶液等產生外洩，反而是雪上加霜，讓災情更加擴大，這也是為甚麼會發生傳聞的福島五十壯士堅守核電廠的悲壯事蹟，因為在過於複雜的環境下，現在我們能仰賴的還是人啊！

也許在不久的將來，真的會有像《鐵達尼號》那樣令人讚嘆的遙控水下機器人問世，在此之前，除了致力於新科技的發展外，我們還是應該對大自然保持敬畏之心，畢竟永不沉沒的鐵達尼號已經長眠大海，福島核災也殷鑑不遠，而比起科技的研發，不再製造出人為的災難，應該是更為重要的課題吧！

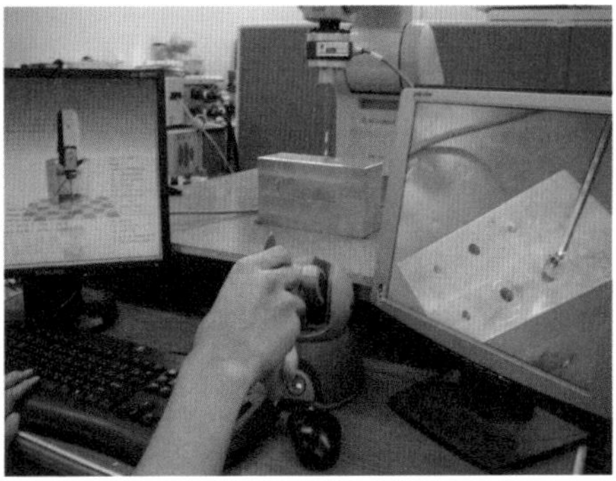

↑交通大學電機系人與機器人實驗室示範如何利用力回饋搖桿與電腦繪圖環境來遙控機器手臂鎖緊螺絲。

Robot 隨堂考

1 《鐵達尼號》中的水下探測機器人系統是如何運作的？

2 從技術的角度來檢視，電影中的機器人真能運作的如此良好嗎？它會遇到那些問題？

3 遙控機器人需透過人機介面進行操作，人機介面基本要能滿足哪些條件呢？

機器人勇闖外太空的星際大戰

喋喋不休的人形機器人與
認真寡言的維修機器人，
為電影帶來了不少的趣味！

片　名 星際大戰首部曲：威脅潛伏（Star Wars Episode Ⅰ：The Phantom Menace）

導　演 喬治・盧卡斯

上映年份 1999 年

主　演 連恩・尼遜、伊萬・邁克格雷戈、娜塔莉・波曼、傑克・洛伊德

簡　介 星際大戰描述在很久以前，在遙遠的銀河系，一群被稱為絕地武士的人與帝國邪惡黑暗勢力對抗的故事……

在浩瀚無垠的宇宙中，居住在地球上的生物是唯一的智慧與生命嗎？看著夜晚滿天的星空，總會讓人好奇會不會有哪顆星球同樣也孕育著生命呢？在1969年，美國太空人阿姆斯壯（Neil Armstrong）首次踏上月球、完成全球矚目的壯舉之後，更鼓舞了後續的太空探險計畫。然而，即使人類能夠踏上遠在二十四萬英里外的月球，現有科技卻仍無法將太空人送至更遠的星球，尤其太空旅行可不能只買單程機票，得要有去有回，更增添了任務的難度。這可替機器人創造了大好「就業機會」，就此代替人類勇闖外太空！

太空旅行是科幻電影的絕佳題材，其中，由影壇大師喬治·盧卡斯（George Lucas）所編劇與執導的《星際大戰》（Star Wars）更是深受影迷所喜愛。自1977年推出首集，直到2015年，《星際大戰》已經累積七集，每回推出，總是讓死忠影迷殷殷期盼。幾十年的時光，讓其中飾演太空遊俠韓·梭羅的大明星哈里遜·福特（Harrison Ford）由當年帥氣豪邁的形象轉變成今天成熟穩重的大叔，影片中的絕地武士、原力、光劍等創意始終為影迷所津津樂道。不知道大家有沒有注意到，在《星際大戰》電影早已經出現太空機器人的身影，分別是以金屬材質打造，個性懦弱、喋喋不休的人形機器人C-3PO，以及身材圓滾、認真寡言的維修機器人R2-D2，兩者一高一矮、一動一靜，彼此的互動為電影帶來了不少的趣味。而C-3PO和R2-D2究竟只是電影裡的角色，還是仿照真實太空機器人打造？他們和真實的太空機器人之間到底有多大的差距呢？

↑ C-3PO和R2-D2，一高一矮、一動一靜，為電影增添了許多樂趣！劇照提供／台灣華特迪士尼

除了作為地球衛星的月球外，人類最有興趣的星球非火星莫屬，火星上有火星人的傳聞也一直不間斷。人類之所以對火星最為好奇，是因為在太陽系中，火星和地球最為相似，科學家也一直懷疑火星曾經存在過水，而水是生命的起源。也因此，從上個世紀末以來，包括前蘇聯、歐盟以及美國都曾經派遣太空船進行火星探測，並且試圖登陸火星，其中以美國的成果最為豐碩。

早在號稱全世界最需要被救援的美國影星麥特・戴蒙（Matt Damon）於2015年所主演的《絕地救援》（The Martian）電影中登陸火星之前，就在1997年7月4日，美國所發射的火星拓荒者號太空船成功地讓所搭載的機器人車旅居者號（Sojourner）降落在火星表面，這也是第一次具有移動能力的輪式機器人能夠踏上火星，提供了以往未曾擁有的地面搜尋能力，也讓科學家有機會更深入了解火星的情形。旅居者號在1996年12月4日由地球出發，花了大約七個月的時間飛抵火星，當天剛好是美國的國慶日，經過這麼長的飛行時間，還能夠將日子挑的這麼準，也不知道是巧合還是精心規劃？而旅居者號的命名也很有深意，它是用來紀念一位美國籍非洲裔女性人權鬥士，她不使用名字，而是自稱為旅居者——因為人類都不過是暫時旅居在這個地球罷了！

比起常見的自走式機器人，登上火星的旅居者號在功能上反而簡單許多，

↑在《星際大戰》第七集上映之際，香港金飾商推出純金打造的R2-D2，反應出電影受歡迎的程度。照片攝於香港尖沙咀。

在它小巧的輪式平台上，僅搭配太陽能板、攝影機以及一些實驗設備，甚至連一部厲害的電腦都沒有。為甚麼它的配備會如此陽春呢？那是因為從地球到火星是一段極為昂貴的太空旅行，所有零件都需要斤斤計較，當然帶不了太多的家當。也因此，旅居者號其實沒有甚麼自主能力，當它要偵查周邊的環境，或是進行實驗的時候，都必須透過登陸母艇和地球聯絡，接受來自總部專家的指示。

由於地球和火星相隔實在遙遠，導致兩者之間的訊號傳遞相當費時，也由於火星並不是繞著地球、而是繞著太陽轉，與地球的相對位置時遠時近，即使處在距離較近的時刻，單程的通訊時間往往也需要耗費十幾分鐘，讓整個遙控過程充滿變數、甚至有可能險象環生。想像一下，如果火星上真有火星人，而且真的讓旅居者號給碰到了，那會是甚麼情形呢？「天啊！真的有火星人！」旅居者號一邊高喊、一邊將消息傳回地球，專家們心想這還得了，立刻下令旅居者號「趕快躲起來！」問題是旅居者號要在幾十分鐘後才會收到從地球傳來的指令，這個時候它應該早就任由火星人處置了吧！

旅居者號的電力來源也是一大考驗，它主要仰賴太陽能板提供電力，當日照不足時，電力就會逐漸消退，因此，旅居者號終於在維持八十三天後與地球失去聯繫、長眠火星，為整個探險行動鞠躬盡瘁、畫下句點。旅居者號成功登上火星是太空探測史上的重大事件，同時也對機器人界產生極大的激勵，讓它成為當年最受矚目的最佳機器人。截至今天，火星探測仍在持續進行，在2004和2012年，美國陸續將精神號（Spirit）、機遇號（Opportunity）以及好奇號（Curiosity）三部機器人車接連送上火星，繼承旅居者號的遺志，繼續探測火星上是否存在過水與生命，且讓我們耐心等候它們來告訴我們，火星上到底有沒有火星人？

除了外太空探測之外，太空機器人還有其他本事。來自日本的 Kirobo 是第一個造訪國際太空站的機器人，它在 2013 年隨著太空船「鸛 4 號」前往太空站，主要任務是陪伴日本太空人若田光一（Koichi Wakata），讓他一個人待在太空時，不至於太過孤單。Kirobo 是由日本學界與業界頂尖航太與機器人團隊所共同開發、具有聊天功能的人形機器人，身高大約34公分、體重約1公斤，有著黑白相間的身體、紅色的雙腳，外型相當討喜。它的名字是以日語的「希望」（Kibo）和「機器人」（Robot）組合而成。Kirobo 身上搭載了許多先進的功能，包括語音處理與合成、人臉辨識與人工智慧等，讓它足以認得使用者，能夠解讀對方的情緒反應，並且進行簡單的對話，基於陪伴上的需要，Kirobo 在設計上特別著重於與人互動時的親切感，就是要讓若田光一桑感覺不無聊。

有意思的是，原來用來執行太空任務的 Kirobo 的設計靈感來自動漫明星「原子小金剛」，先前為了測試需要，還曾經將 Kirobo 送到幼稚園陪伴小朋友，造型小巧可愛的它大受歡迎，讓研發團隊期盼 Kirobo 在陪伴太空人之餘，也能藉著它深具感染力的互動能力，成為人與人之間溝通的橋樑，看看是不是能夠為這個日漸冷漠、疏離的社會帶來一絲慰藉，讓大家願意走出孤獨、互相擁抱。

還記得首位登上月球的太空人阿姆斯壯曾經說過，「我的一小步，是人類的一大步」，從《星際大戰》中的 C-3PO 和 R2-D2 到國際太空站上的 Kirobo，機器人也在太空旅行中寫下新頁，也許今後我們將聽到：「機器人的一小步，是人類的一大步！」

Robot 隨堂考

1. 日本開發的 Kirobo 和旅居者號所肩負的工作性質有甚麼不一樣？
2. 旅居者號為何會成為具指標性的太空機器人？
3. 登陸火星須面對何種挑戰？通訊上會遭遇到甚麼樣的困難？
4. 被應用在現實生活中的 Kirobo 最主要的工作是甚麼？

機器戰警

讓機器人波麗士重裝上陣

如果能利用機器人快、準、狠的出手，
給罪犯一個迎頭痛擊，
賞他個痛快，豈不大快人心！

片　　名 機器戰警（舊版）（RoboCop）
導　　演 保羅・范赫文
上映年份 1987 年
主　　演 彼德・威勒、南茜・艾倫、查爾斯・卡洛、朗妮・蔻克斯

片　　名 機器戰警（新版）
導　　演 何塞・帕蒂爾哈
上映年份 2014 年
主　　演 喬爾・金納曼、蓋瑞・歐德曼、麥可・基頓、山繆・傑克森
簡　　介 警員墨菲在剿匪行動中，被兇徒殺死（舊版）／重傷（新版）後被承包治安的企業改造成超級警察，也就是具有真人組織和電子機械結構組合的改造人，但「他」的存在，日後卻成為公司的威脅而遭到追捕……

世風日下、人心不古，無論國內外，犯罪行為層出不窮，手段兇殘者時有所聞，由機器人擔任警察的想法也隨之而生。如果能利用機器人快、準、狠的出手，給罪犯一個迎頭痛擊，賞他個痛快，豈不大快人心！但期待歸期待，機器人畢竟不具有人類的智慧與經驗，我們能放心它在犯罪現場的判斷嗎？有沒有可能反而將人質誤判成嫌犯？開槍的時機又能確實掌握嗎？歸根結柢，我們真的準備好將執法的工作交給機器人了嗎？

面對來自四面八方的種種疑慮，《機器戰警》（RoboCop）這部電影提出另一種可能性，如果能讓機器人警察擁有人的外表與判斷力，是不是就可以提高社會大眾的接受度？《機器戰警》於1987年首度推出，大受好評，之後在2014年，網羅知名影星麥可・基頓（Michael Keaton）、山繆・傑克遜（Samuel Jackson）在內的更大卡司，以更大規模的投資與宣傳，及更炫、更流線的機器人外裝再度登場。雖然是相同題材的兩部電影，但在近三十年的時間差距下，面對已然大幅成長的科技，前後兩個版本的機器戰警在設計概念上也有所改變。這一點相當有趣，非常值得影迷在享受絢麗的聲光效果之餘，細細品味科技對於人類社會所帶來的影響，以及箇中的隱喻。

《機器戰警》的故事背景設定在不遠的未來（新版直接定於西元2028年），地點位於被罪惡、貪腐嚴重侵蝕的底特律。電影選擇汽車城底特律作為故事背景有其對於機器文明反思的象徵意義，而機器人更是汽車製造上不可或缺的好幫手。此城市因汽車業的興起而繁榮，也隨著汽車業的消退而沒落，由於高失業率、社會崩壞的影響，進而引發高犯罪率，劇情藉此引出以機器人擔任治安工作的需求。片中主角墨菲警探嫉惡如仇、充滿正義感，由於他火爆、衝動的個性，讓他在黑白兩道夾擊下受到重創，在原版電影中他被宣判死亡，在新版則僅剩下頭部與少部分器官，這也成為機器人科學家將墨菲警探改造成半人半機器之機器戰警的契機。

《機器戰警》這部機器人科幻經典之作，值得討論的議題相當多，首先我們不禁會好奇，以此種方式重生的墨菲警探到底是人還是機器呢？在原版電影中，墨菲警探已被宣判死亡，理應沒有自我意識，機器人專家想利用的就單純只是墨菲的大腦，或是說沒有自己想法與記憶的大腦，這反映出在1987年當時的科技進展認為人類在思維與運作上遠超過電腦，而機器人的強項是提供強健、精準的機械構造，整體設計概念在於利用人腦來操控機器人。改造後的墨菲警探其實就是個擔任警察工作的機器人，除了那張臉外，與生前的他是毫無關係，也不再被視為人。

到了新版《機器戰警》的時代，電腦在運算速度與邏輯思維上已經有了長足的進步，如果環境不至於太複雜，在許多應用上，電腦已經取代、甚至是凌駕人類，比方說，高速公路上的電子收費系統、無人駕駛的捷運系統等。那機器人公司為何執意要改造墨菲警探呢？箇中緣由乃是出於社會大眾對於全然使用機器人從事治安工作一事有相當大的不安，就像我們可以接受無人駕駛的捷運在固定的軌道上運行，但讓無人駕駛的車輛隨意在街上跑，恐怕就會心存疑慮。機器人也許可以幫我們打掃環境、跳跳舞娛樂大眾，但帶槍出門巡邏？似乎不太妥當。試想一下，如果被臨檢時，迎面來了個鋼彈機器人，會不會被嚇到？電影中的真相是，機器人公司看上的其實僅僅是墨菲的那張人類的臉以及他英雄般的事蹟，並不太在意他的大腦靈不靈光，說穿了，他們要的就是個具有人臉的機器人來當警

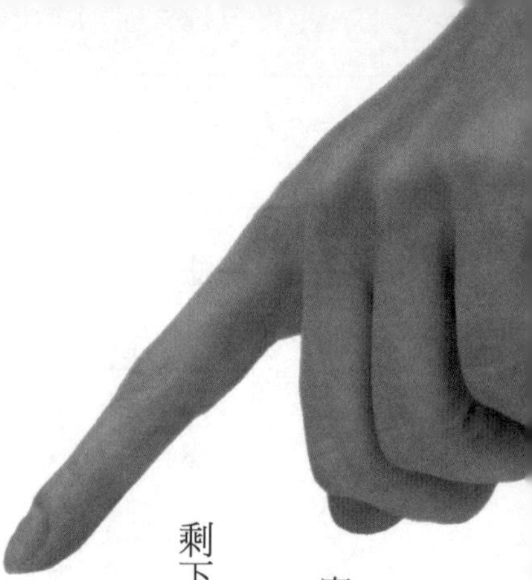

察罷了。

這個企圖在電影裡受到了巨大的挑戰，墨菲警探雖然全身僅剩下頭部與少部分器官，但依然存活，也仍然保有自己的意識，以至於他的情緒及人性常常與真正掌控運作的電腦有所衝突，其表現反而遠不如個別的人或電腦。機器人專家為了達到系統的一致性與高效率，決定將來自墨菲思維的人為影響調降到極低，讓他成為徒具人形、人性幾近消失的魁儡。此時的墨菲到底是人還是機器人呢？他具有生命，也被認定為人，但如果失去了人性與情感，墨菲與機器人究竟有何差別呢？

無論在新舊版本，墨菲警探都可視為真人器官與機電系統的合成人，他的身體強健超乎常人，反應敏捷如電腦般精準，在運用盔甲般的軀體與武器時，操控自如就如同武俠小說中所說的人劍合一，而這種人與機器高度連結、合為一體的關係，以現今技術有可能實現嗎？

我們先從外在的生物組織與機械結構的結合來看，人體的神經勢必要能連接上機電系統的電線，傳遞於其中的生物與電子訊號也必須能無所障礙地在電線與神經線之間來回跨越。姑且不談這兩種截然不同材質的線到底能不能接在一起，就算能接上，接點也會是極端的脆弱。另一方面，身體裡同時存在著人腦和電腦，所謂一山難容二虎，兩者之間要如何協調、如何運作？總歸來說，從此項科技可否實現的角度來看，不要寄望在可見的未來會出現身手矯捷的機器戰警。比較可能發生的情況是，他舉步維艱、動彈不得，甚至是頭腦打結。

話說回來，目前的科技在結合生物體與機電系統上並非毫無成就，像是以半導體技術所發展的人工矽視網膜晶片，已成功地置放在兔子與人的眼睛，目前已經可以製造出低解析度的影像，對視障朋友是莫大的福音，而以微機電製程技術所發展的人工內耳也已問世，讓重度耳部障礙者可以聽到聲音。

面對著紛亂的時代，《機器戰警》點出人類對機器人擔任警察的期待，也讓我們看到，真正可怕的往往不是罪犯，而是貪婪的資本主義社會，以及被遮掩的人性。電影也諷刺人們常常會陷於外表

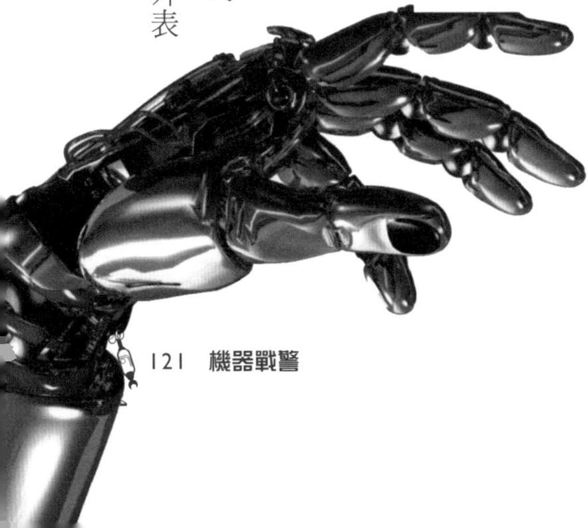

的迷思而忽略事情的本質，只注意到那是一張人的臉，但沒意識到自己已然形同機器。機器戰警的時代要真正到來，可說是充滿挑戰，但類似電影中對科技的誤解與誤用，卻早已遍布我們的身邊。

Robot 隨堂考

1 在舊版的《機器戰警》中，機器人公司改造墨菲警探的用意何在？那在新版中，為甚麼機器人公司改造墨菲警探的目的變得不一樣呢？

2 現今的技術真的能將人體與機器高度結合嗎？會遇到甚麼樣的挑戰？

3 在目前的科技中，已經結合生物體和機電系統所開發出來的產品有哪些？

到鋼鐵擂台
看鋼彈和原子小金剛來場對打

「查理＋亞當」終於痛擊宙斯，
父子相擁而泣，
也讓觀眾一起陪著流下感動之淚！

片　名 鋼鐵擂台（Real Steel）

導　演 薛恩・李維

上映年份 2011 年

主　演 休・傑克曼、達科塔・哥雅、伊凡潔琳・莉莉

簡　介 從未贏得冠軍的機器人拳擊手訓練師查理，為了有足夠的資金升級及訓練機器人，同意照顧未曾謀面的兒子麥斯三個月。在這段時間中，他們發現了機器人亞當，訓練它參加比賽，也重新找回父子親情……

每當拳擊場上，兩位選手互相拋出重拳，拳拳痛擊對方身體之際，總是讓人看得血脈賁張。但如果擂台上的拳手換成是鋼鐵打造的格鬥機器人，彼此以更剛猛的力道與速度，爆裂似地撞擊著雙方怪獸般的身軀，伴隨著金屬凹陷變形的尖銳聲響，觀眾的腎上腺素豈不破表！於2011年所推出的機器人科幻電影《鋼鐵擂台》（Real Steel）就是以格鬥機器人的競賽為背景，「金鋼狼」休．傑克曼飾演落魄的拳擊手查理，由於負債累累，想藉由參加格鬥機器人比賽來獲取高額獎金或賭金，超級吸睛的童星達科塔．哥雅（Dakota Goyo）則飾演查理的兒子麥斯，即使父親極其潦倒，仍然一心渴望得到父愛。查理的格鬥機器人事業並不順利，就在最後一部機器人遭受痛擊毀損後，父子之間的關係也跌到谷底，但卻在麥斯從廢棄工廠中找到毫不起眼的機器人亞當（Atom）之後，有了轉機。

相較於其他的格鬥機器人，亞當顯得相當瘦弱，雖然極其耐打，卻不擅於攻擊，很特別的是它竟然擁有模仿能力，在加裝聲控面板後，更可以直接接受語音指令快速回應。在電影中，這個不起眼的小機器人亞當跌破大家眼鏡、一路過關斬將，電影最後的高潮戲是亞當和職業聯盟當代拳王宙斯（Zeus）一決高下，爭奪盟主寶座。宙斯是由來自日本的傳奇設計師益戶武所打造，光聽名字就可以感受其可怕，它動作敏捷、出拳迅猛，身形極為高大，直屬鋼彈等級，相較於僅僅略高於一般人的亞當，簡直就是大人打小孩。而且，宙斯還號稱具有自主性與進化能力，能在觀察對方拳術之後，立即調整攻擊模式，真是太可怕了！

但基於好萊塢電影的勵志訴求，我們當然可以預期亞當終究會扭轉形勢、取得勝利。亞當先藉由聲控系統的快速反擊能力和宙斯周旋，在聲控被打壞之後，再利用獨特的模仿能力，當場現學現賣查理在場邊揮擊的拳術，這就好像是查理透過亞當的身體，將他當年優異的拳擊技巧展現出來，所謂的「人定勝機器」，「查理＋亞當」終於痛擊宙斯，大快人心，父子相擁而泣，也讓觀眾一起陪著流下感動之淚！

感動之餘，我們還是要從技術面上來檢驗一下，機器人亞當真有可能打敗宙斯嗎？先從理想的格鬥機器人需要具備哪些必要條件看起：首先，動作一定要敏捷，如同周星馳執導主演的電影《功夫》裡所說，天下武功，無堅不破，唯快不破！速度就是王道！而除了快之外，還得搭配上準頭，就像是一位職棒投手，動輒投出接近一百英里的快速球，但就是投不進好球帶，也是沒輒。既然是格鬥賽，第二個條件毫無疑問就是出拳絕對要有力道，要有一拳將對方撂倒的狠勁，簡單來說，就是要快、準、狠！以這觀點來看，亞當根本就沒有勝算！那，電影是演來呼攏觀眾的嗎？也並不盡然，還有一項贏得比賽的關鍵因素就落在機器人的操作方式。雖然設計師益戶武宣稱宙斯具有自主性與進化能力，但在比賽的關鍵時刻，它還是得仰賴操控者以搖桿來操作。相對地，亞當是以它的模仿功能直接複現查理的動作，也就是說，亞當與查理的結合是心心相印、心有靈犀一點通。這樣的默契當然是遠超過益戶武與宙斯之間的主從關係，這也再次呼應在格鬥機器人的遙控操作中，人與機器人要合為一體的這個硬道理。

而格鬥機器人大賽在現今生活也真實存在，像是在日本舉辦的知名ROBO-ONE雙足步行機器人格鬥競技大會已經有多年的歷史，台灣也舉辦過好幾次機器人格鬥賽，受到不少同好的支持。不過，《鋼鐵擂台》終究是科幻電影，如果大家期望在實際比賽中看到像電影中那種規格的機器人互相對打，那可要大大的失望了。現今參賽的機器人個頭相當迷你，身高大約都只有幾十公分，超過五十公分就算高大。如果真有像鋼彈樣貌的巨型機器人，它們肯定步履蹣跚、行動緩慢，就不要寄望它們真能上擂台開打了！

走筆至此，如果讓大家覺得很挫折，我可要雪上加霜地補上一句，這些像玩具般的小傢伙還真的很不會打拳擊。比賽的時候，常常自顧自地走來走去，偶爾揮個兩拳，也說不準會打到誰，拳法也看不出甚麼路數、流派，偶爾還會自己跌倒。因此，一旦有機器人真的擊倒對手時，場邊觀眾無不歡聲雷動、興奮不已！

雖然真相有點殘酷，但仔細想想，鋼鐵材質的雙足機器人要能像人類一樣保持平衡、行動自如絕對不是一件容易的事。就算是四足哺乳類動物，除了猩猩、猿猴類之外，也很少像人類這樣能夠以雙腳行走。信不信，如果家裡面的貓或狗可以長

↑鐵拳既出，誰與爭鋒？照片提供／祥儀機器人夢工廠

時間用兩腳走路，應該可以上電視了吧！這在在說明打造出具有人類行走能力的雙足機器人有多困難。當今最有名的雙足步行機器人應該是日本汽車大廠 Honda 公司投入十幾年的研發，砸下數億元的經費，於 2000 年所推出的 ASIMO（Advanced Step in Innovative Mobility），這個名稱指的是先進創新步行器，意味著雙足機器人在步行能力上的一大突破。

ASIMO 的身高大約在 120 公分左右，體重約為 40 多公斤，外觀是類似太空人的造型，十分討喜，還背著精巧的背包（其實裡面裝著它的電池）。為了讓 ASIMO 融入日常生活，Honda 公司將 ASIMO 的身高設計成比起一般人嬌小許多，外表讓大家感覺到親切、安心。想想看，如果 ASIMO 長得像鋼彈一樣，那也太嚇人了吧！

ASIMO 不僅是 Honda 公司的驕傲，也常常替日本進行國民外交，拜訪過不少國家的元首。像是在 2003 年，它來台灣參加兒童資訊月活動時，就曾經和當時的陳水扁總統見過面、握過手；在 2014 年時，它還趁著美國總統歐巴馬訪問日本時，和他一起踢足球呢！這麼可愛的機器人，想不想帶回家呢？我勸你最好不要，一方面是價錢太高買不起，另一方面ASIMO可不是那麼好照顧。前面提到ASIMO能夠和陳總統握手、歐巴馬總統踢足球，並不是由ASIMO獨力完成，而是背後的團隊事先規劃好所有的流程與動作，然後在現場監督著每一個環節的進行，工程相當浩大。所以，如果想要帶它回家，你可要有心理準備，要同時帶上一大群人喲！

看來雙足步行機器人真要進入我們的生活中，還需要一段不短的時間，即便像《鋼鐵擂台》的故事背景設定在2020年，也許還是過於樂觀。不過，電影中有一個很有趣的巧合倒是值得一提——原來Atom就是日本動漫界大明星原子小金剛的英文名字，也因此亞當與宙斯的對決，表面上看起來是美日機器人大戰，其實也表達出美國對日本在機器人領域成就的敬意。

↑身高僅有120公分的ASIMO，外觀類似太空人的造型，十分討喜。照片提供／清華大學通識教育中心林宗德教授攝於東京台場的日本科學未來館

對了！雙足步行機器人除了喜歡格鬥之外，它還很喜歡踢足球，當今每年都有機器人世界盃足球賽的舉辦，熱烈程度直追人類的足球大賽。但就像格鬥機器人一樣，它們現在也都是小小兵，可是「機器人小志氣大」，它們立下雄心壯志，未來要長得又高又壯，目標是在 2050 年擊敗人類的世界盃冠軍隊，以機器人科技進步的速度來看，這倒不是完全沒有機會，人類隊可要小心了！

Robot 隨堂考

1. 為何現實生活中的機器人大賽不像電影中描繪的如此精彩刺激？
2. 日本汽車公司 Honda 研發出的機器人 ASIMO 最大的特點為何？
3. 你覺得雙足步行機器人有機會在 2050 年擊敗人類的世界盃足球冠軍隊嗎？

環太平洋
運用意念控制機器人

科學家在一位因中風癱瘓十五年的女士腦中植入可執行腦波量測與分析的晶片，讓她藉此操作機器人來喝咖啡。

片　　名　環太平洋（Pacific Rim）

導　　演　吉勒摩・戴托羅

上映年份　2013 年

主　　演　查理・漢納、朗・帕爾曼、伊卓瑞斯・艾巴、菊地凜子

簡　　介　為了對抗深海怪獸，人類開發出巨大機器人，由數名腦神經網路互相串連的操縱者同步操作，但戰事節節敗退，最後的希望僅能放在一個過時的機器人和兩名看來毫無勝算的操縱者身上⋯⋯

如果光靠著腦中的意念就能操縱機器人，那該有多好！因為沒有比這更快、更隨心所欲的操作方式了。尤其當操縱的對象是像鋼彈、無敵鐵金剛這種擁有巨大身軀、超炫外型的機器人，那更是令人大呼過癮！

在2013年所推出的科幻電影《環太平洋》（Pacific Rim）中，就提出將人類腦部神經連結到巨型裝甲機器人這樣的概念，如此一來，操作員彷彿就和機器人合而為一，也就更能有效打擊敵人。在電影中，建造出巨型裝甲機器人的目的是為了要對付來自平行宇宙的大海怪。由於牠們的身型異常巨大，與之抗衡的裝甲機器人個頭當然也不在話下，所以常常需要兩個以上的操作員，這就好像霹靂布袋戲

↑《環太平洋》提出將人類腦部神經連結到巨型裝甲機器人的概念。照片提供／得利影視

裡的大戲偶，也得靠好幾個操偶師傅一同操作。為了能夠合作無間、同心協力，操作員往往是感情深厚的父子、濃情蜜意的情侶、或是心靈相通的三胞胎，也讓電影在帶給觀眾強烈的視覺震撼之餘，增添了幾許親情與感情的韻味。

以意念操控機器人真的很令人期待，但這項技術能不能成功的最重要關鍵當然就是對於「意念」的量測。「意念」，就是來自腦中的想法，聽來似乎相當抽象，但它並非完全無跡可尋。相關研究指出，當我們思考時，腦中的電位會產生變化，因而會釋放出某種電波，科學家也一直在找尋量測它的方式。終於在1929年，來自德國的精神科醫師漢斯．伯格（Hans Berger）首次記錄下人類的腦電波，就此開啟了以腦波操控電腦、家電以及機器人等各種研究。

腦波操控似乎很神奇，早在1982年推出、以美蘇冷戰為背景的電影《火狐狸》（Firefox）中，由螢幕硬漢克林．伊斯威特（Clint Eastwood）所飾演的天才飛行員就曾經利用可接收腦波訊號的飛行頭盔，以意念駕駛超高速戰機迎擊來犯敵機。這樣的情節不僅僅出現在電影之中，在現實生活中，科學家也很認真思考如何讓駕駛員在外太空或深海的探測中，運用腦波操作太空船或潛水艇，因為在這種極端、惡劣的環境下，人類很容易失去方向感、平衡感等平常很熟悉的感覺，意識就成為一種最直接、最直覺的操控方式。

除了這種特殊環境的操控需求外，現今受惠於腦波操控系統最多的對象當屬四肢癱瘓、甚至是連說話都有困難的人士，因為他們並不像一般人可以採用語音、手勢或四肢來操作工具，腦波幾乎是他們僅存、唯一可以和外界溝通的管道。但這個管道目前並不暢通，不像《環太平洋》中所呈現的人與機器人的完美結合，原因就出在現有的技術仍然無法有效地進行腦波的量測。

腦波是經由意念觸發、源自大腦深處的電子訊號，產生之後會漸漸擴散到頭殼內各個區域，最直接的量測方式就是將探針直接插到要量測的腦部區域。比方說，如果我們已經掌握到腦部專門掌管右手運動的特定位置，就特別量取該處的訊號來操控右手。由於在量測的過程中，探針已經進入到頭殼內部，所以被稱之為「侵入式量測」。因為這種量測方式可以直接獲得明確的資訊，因此可以達到比較精準的操控。目前有關侵入式腦波量測的研究大多集中在猴子或老鼠身上，有實驗室便利用此方式讓癱瘓的老鼠可以自己駕駛小車子到處覓食，牠還被戲稱為是全世界最會開車的老鼠！但這樣的成果背後其實有個令人感傷的結局。老鼠在多次探針穿刺後，腦部會受到很大的傷害，很快就為人類的科技發展犧牲了自己的生命。

由此看來，侵入式的量測方式顯然不適合使用在人類身上，退而求其次，也有研究將具有感測功能的晶片安置在人類頭殼內較表層的部位，一方面可以量測到較深層的資訊，也不致於對腦部產生太大的傷害，當然準確率不如深度侵入的量測。但如果要完全不傷及大腦，那就只能在頭殼表面進行腦波量測，稱之為「非侵入式量測」。可是，畢竟腦波的來源是在大腦內部，當它傳送到頭殼表面時，已經是相當微弱，雪上加霜的是，腦中的許多區域都會產生訊號，而且各自都會向外傳播，以至於所有的訊號都會混在一塊、攪成一團！這時候，你要如何從中找到你真正想知道的那個特定訊號？當然，科學家可以運用一些厲害的數學與工程上的技巧，試著從微弱且混雜的訊號中抽絲剝繭、逐步找出答案，但這過程相當複雜、也極其耗時。

即使此項科技仍然存在著許多挑戰，但令人鼓舞的是，世界各地陸續傳出一

↑交通大學林進燈教授所帶領的國際研發團隊，藉由對腦波的分析來偵測汽車駕駛是否處於昏沉、打瞌睡的狀態。照片中駕駛人所戴類似耳機的裝置，就是用來偵測「睡覺波」。

些實際應用的案例。在美國，科學家在一位因中風、癱瘓達十五年的女士腦中植入可執行腦波量測與分析的晶片，讓她藉此操作機器人來喝咖啡。歐洲也曾經有個案例，一位傑出的運動員在受到重創、四肢癱瘓後，憑藉著堅強的意志力與持續不斷的練習，已經能夠運用腦波操作電腦相關設備與外界溝通。台灣也有研發團隊成功地使用腦波來開關電燈等電器用品。當然，目前這些系統可以完成的動作都不會太複雜。以腦波開關電燈為例，如果是開燈的話，使用者就努力在腦中想像開啟這個動作，讓對應的腦波訊號強過某個事先選定的門檻值，反之亦然。但如果操控的對象是機器人，難度一定會大幅提升，因此機器人能完成的工作也相當有限。此外，使用者在進行操作時，一定要全神貫注，目的就是為了能製造出易於量測的腦波訊號。這過程常常需要多次嘗試，因為往往一個不留神，思緒跑掉了，那就只能從頭來過了！

雖然現階段的腦波操控技術仍未臻成熟，但它已然展現出驚人的潛力，有朝一日，也許真有可能達到像《環太平洋》中那樣操作自如的境界。而腦波作為人類意識的外在顯現，它的應用當然不僅僅於此。我們看到交通大學林進燈教授所帶領的國際研發團隊，藉由對腦波的分析來偵測汽車駕駛是否處於昏沉、打瞌睡的狀態，有鑑於每年因為開車疲勞所引起的車禍不在少數，也讓這項研究深具實用價值。

在更進一步的研究中，科學家嘗試從腦波中發掘出更多訊息，比方說，有沒有可能經由腦波直接解讀出對方到底在想甚麼呢？像是在《蝙蝠俠》（Batman）第三集中，就出現一個很令人緊張的橋段，天才罪犯謎人利用所發明的腦波收集器，一一檢查高譚市居民的腦波，想要從其中找出蝙蝠俠的本尊到底是誰，如果他真能得逞，那蝙蝠俠的秘密不就保不住了嗎？這項技術的正面應用是讓罪犯無所遁形，因為若光從腦波的分析就可以知道嫌疑犯到底有沒有犯罪，就再也不需要測謊機了！當然這還只是在實驗室進行中的技術，何時成熟而普及應用仍不可知。而腦波就像是一把開啟人類大腦的鑰匙，讓我們得以一窺其中的奧妙，也為腦科學研究帶來更多的可能性。

Robot 隨堂考

1 《環太平洋》提出了甚麼樣操控巨型裝甲機器人的概念？

2 現今科技希望能以人類意念來操控機器人，科學家們是如何量測「意念」呢？

3 在腦波研究中，侵入式的量測方法有甚麼樣的優缺點？還有哪些量測方法？

4 現階段的研究成果，能夠讓人用腦波完成哪些動作？

機器人竟然拜蟑螂為師?!

關鍵報告

蟑螂能夠應付各種崎嶇地形的運動能力與技巧，絕對是值得科學家借鏡的好對象。

片　　名 關鍵報告（Minority Report）

導　　演 史蒂芬・史匹柏

上映年份 2002 年

主　　演 湯姆・克魯斯、麥斯・馮・西度、柯林・法洛、莎曼莎・莫頓

簡　　介 西元 2054 年，有三位能預見一切罪行的「先知」組成最先進完美的犯罪防禦系統。有天，犯罪預防組織的主管喬恩，卻從先知系統上看見自己將會謀殺一個素未謀面的人……

一向自認為是萬物之靈的人類，其實私底下常常從動物、昆蟲身上偷學功夫，而且還樂此不疲！光是來自電影的例子，就有化身為黑暗騎士的《蝙蝠俠》，飛天遁地的《蜘蛛人》（Spider-Man），以及指揮螞蟻大軍的《蟻人》（Ant-Man）等，不勝枚舉！機器人在這方面當然也不落人後，在2002年推出、由大導演史蒂芬·史匹柏所執導的《關鍵報告》（Minority Report）中，已然出現昆蟲機器人的身影。在這部科幻電影裡，大明星湯姆·克魯斯（Tom Cruise）所飾演的犯罪預防組織主管喬思，在遭受陷害逃亡過程中，情治部門就曾經派出外型酷似昆蟲的機器人參與搜查；而在造型琳瑯滿目的「變形金剛」中，當然也少不了昆蟲金剛。由於它們的形體嬌小、行蹤隱密，又擅長飛行，確實是情蒐的好幫手。

雖說上述優點讓昆蟲看來很有資格擔任機器人的導師，但在諸多類型的昆蟲當中，讓許多女性同胞聞風喪膽的蟑螂，居然深受科學家青睞，從中學習、開發新型態機器人，這到底是怎麼一回事呢？蟑螂，這個在地球上存活了數億年，生存能力遠超過恐龍的「打不死小強」，經過這麼長時間物競天擇的考驗，絕對有其過人之處。在昆蟲界，蟑螂屬於頂級的跑步好手，攀岩走壁易如反掌，飛行雖然不是牠的專長，但也還過得去。尤其是牠極其頑強的生命力，耐力十分驚人，素有「昆蟲活化石」之稱。所以，請大家務必摒除成見，向蟑螂致敬，牠絕對是值得科學家借鏡的好對象。

在學術界，已經有許多針對蟑螂在內各式各樣的昆蟲機器人研究，其中，任教於臺灣大學機械系的林沛群教授就十分欣賞蟑螂能夠跨越遠高於自己大小的障礙物，以及應付各種崎嶇地形的運動能力與技巧，經過多年的努力，林教授終於開發出像蟑螂一樣、適用於戶外複雜地形的六足仿昆蟲機器人，遠超過目前輪式車輛的越野能力。

林教授分享他的觀察時談到，蟑螂在跨越障礙物的時候，除了移動相當迅速外，攀爬時還會高舉前腳。因此，他靈機一動，將原本輪式機器人的圓形輪子切成兩個半圓形，然後將六個半圓形輪子兩兩排列於車體兩邊，組合成六足仿昆蟲機器人。此種設計結構一方面維持了輪子快速滾動的優點，另一方面，切開的部分讓它可以高高攀附在障礙物上面，這對於攀爬相當有幫助。一旦翻越過障礙物後，它又恢復到滾動的模式迅速前進。至於在崎嶇地形上經常會遭遇到的車輛平

↑以蟑螂為師、適用於戶外複雜地形的六足仿昆蟲機器人。照片提供／臺灣大學林沛群教授實驗室

衡、翻覆問題，則交給左右兩邊六隻腳共同來承擔。整個系統的運作，可說是充分協調、合作無間，誰說蟑螂不是好老師呢？

而林教授團隊向蟑螂學習的項目可不僅於此。他們進一步觀察到蟑螂腳上有一些倒鉤狀的細毛，很好奇這些細毛對牠們的運動有無實際影響，還是只有單純的保護作用？這時候他們發揮了工程師的實驗精神，先將蟑螂分成兩組，一組有腳毛，作為對照的另外一組則沒有，然後分別讓牠們穿越格子狀的障礙物，想看看這些腳毛會不會對身體產生支撐的作用，讓蟑螂比較不容易陷進格子裡。要進行這樣的實驗，理所當然必須要幫蟑螂剃除腳毛。林教授笑說，他做夢也沒想到做研究會遇到替蟑螂剃毛這件事，也很擔心腳上無毛的蟑螂會不會有心理創傷。謎底揭曉，實驗結果顯示，由於倒勾的細毛可以卡住網格，確實對蟑螂在爬越這類型障礙物時有所幫助，這也再次展現了大自然在生物演化上的奧妙。

除了卓越的攀爬能力外，飛行是昆蟲另一項令人嚮往的本事。根據報導，美國哈佛大學的研究團隊已經開發出能像昆蟲一樣飛行的機器人，它的重量約為80毫克、翅膀寬度為3公分、拍動頻率在120赫茲左右，相當輕巧，可用來協助災區搜救、環境監測以及植物授粉等。不過，要開發這麼小尺寸的飛行機器人難度相當高，整個機器人機構以及它的控制模組都必須大幅微小化，這顯然不是傳統機電系統的製造方式可以辦到，而是要採用所謂的微機電技術加以實踐。而為了達到飛行的目的，機體勢必要輕，但同時又要堅固，這就有賴新式複合材料的研發。此外，在關鍵的翅膀部分，與機體相連的關節一定要將摩擦力降到最低，由於振翅飛行非常耗電，電力的來源以及系統的節能設計在在需要細細考量。真不可看輕小小的昆蟲，牠可是帶著大大的學問呢！

帶點神祕色彩的蜘蛛也擁有一身的好本領，尤其優異的貼牆爬行能力讓牠成為爬牆型機器人的好典範。而在工業界，以牠為模仿對象的蜘蛛機器人，更早在自動化產業揚名立萬。這款機器人在業界被稱為 Delta 機器人，外型就像是隻倒掛在天花板上的蜘蛛，幾個可以平行移動的機械手臂就是牠的腳，一起連接到作為身體的同一個端點。它的運作模式是藉由手臂間的快速移動來帶動端點在空間中高速運動，因此非常適合用來執行需要快速抓取的工作。比方說，在一個製藥廠中，有非常多不同種類的藥丸需要分類與分裝，那要如何來建立一條自動化生產線以取代日益昂貴的人工呢？這個時候 Delta 機器人就可以派上用場。第一步，我們先將可拾取藥丸的夾具放置在端點上，再搭配上可高速辨別各式藥丸的影像系統，等一切就緒，機器人就可以自動且不斷地將送入生產線的所有藥丸一一分門別類，各自放進指定的盒子。現今，Delta 機器人的使用已經相當普遍，台灣也是其中的佼佼者，之前有廠商利用 Delta 機器人替中國建構了一條全自動泡麵產線，可以在一分鐘內裝填 240 碗泡麵，只見工作現場機器人敏捷地抓取乾麵、醬料包、塑膠叉子，就在一瞬間填滿輸送帶上接連湧上來的泡麵空碗，真是令人眼花撩亂、目不暇給。

看來機器人在昆蟲大師身邊真是學到不少真功夫！而動物界，也有不少的好老師，像是應用於水中活動的機器人早就參考魚的外型和划水方式進行設計，期盼能像魚兒一樣在水中自由自在地游來游去，只不過仿魚機器人終究不像魚那樣天生不怕水，在製作上必須要求做到滴水不漏，因為要是在水中漏電，那可是不得了。而令人望而生畏的蛇也相當值得機器人效法，因為牠沒有手和腳，卻能行動自如，還能輕鬆穿越障礙、爬上樓梯，也因此有了仿蛇機器人的誕生。只不過，開發仿蛇機器人得有個先決條件，那就是不能怕蛇。當然，害怕昆蟲的學者在研究模仿蟑螂或蜘蛛的機器人時，恐怕也需要有過人的勇氣！

為了感謝眾多昆蟲及動物「老師們」的教導，機器人該如何「知恩圖報」呢？回想幾年前台北市立動物園在超級卡哇伊的小熊貓圓仔出生後，為了怕熊貓媽媽圓圓初為人母不太習慣，於是委請專家製作圓仔的分身和圓圓先行接觸，我想，這時要是

↑帶點神祕色彩的蜘蛛機器人常常是攀爬牆壁的高手。照片提供／祥儀機器人夢工廠

機器人專家接到這個任務，善用仿生技術製造出栩栩如生的仿圓仔機器人，這場「母子會」一定會更加圓滿的。

Robot 隨堂考

1. 《關鍵報告》中，為何會出現外型酷似昆蟲的機器人，它有甚麼過人之處？
2. 臺大機械系林沛群教授的研究團隊是看上蟑螂在哪一方面的能力？
3. 美國哈佛大學研究團隊開發出的昆蟲機器人，有甚麼樣的功用呢？
4. 在自動化產業赫赫有名的 Delta 機器人，概念是來自於哪一種昆蟲呢？Delta 機器人的功用又是甚麼？

訂做
一個他

Come ordering a robot

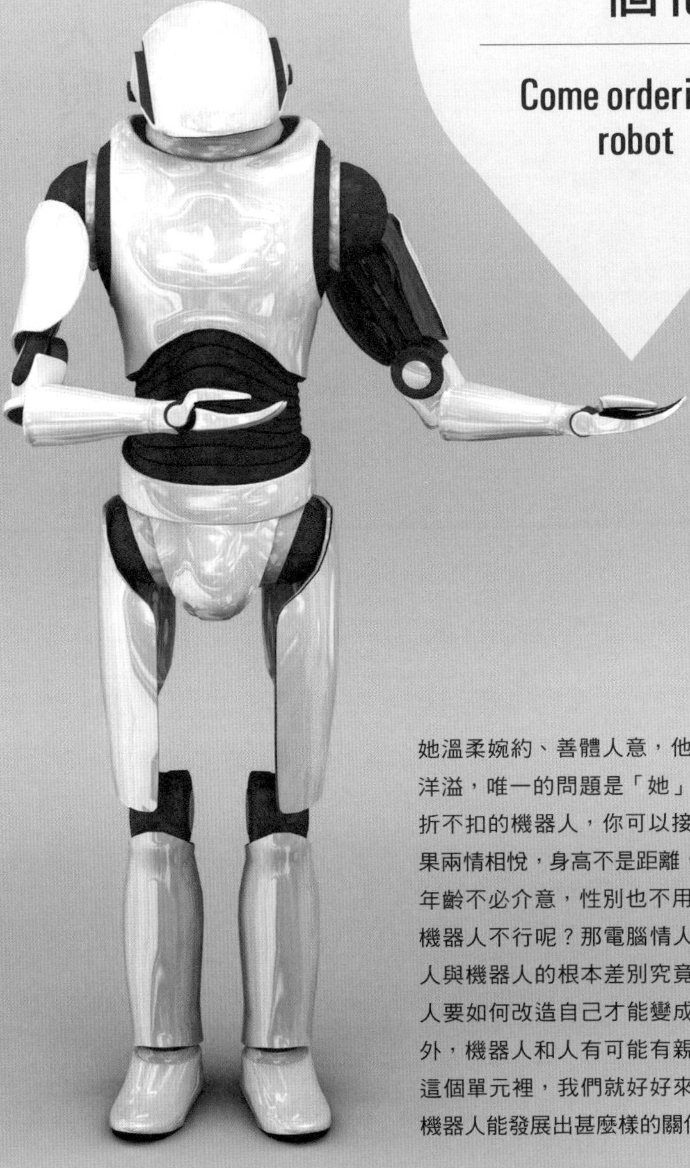

她溫柔婉約、善體人意，他幽默風趣、才華洋溢，唯一的問題是「她」和「他」是個不折不扣的機器人，你可以接受嗎？不是說如果兩情相悅，身高不是距離，體重不是壓力，年齡不必介意，性別也不用考慮嗎？為甚麼機器人不行呢？那電腦情人可以嗎？此外，人與機器人的根本差別究竟是甚麼呢？機器人要如何改造自己才能變成人呢？除了感情外，機器人和人有可能有親密的行為嗎？在這個單元裡，我們就好好來看看，到底人和機器人能發展出甚麼樣的關係？

人與機器人的差距是——兩百年：變人

機器人安德魯不只想當個宅男，「他」還想談戀愛、步入結婚禮堂。

片　名 變人（Bicentennial Man）

導　演 克里斯・哥倫布

上映年份 1999 年

主　演 羅賓・威廉斯、安貝絲・戴維茲、山姆・尼爾

簡　介 家用機器人安德魯有自主性、創造性，於是開始一段尋找自我的過程，多年後帶著人類的外觀回到主人家，和當年二小姐的孫女波夏陷入情網，但這段人與機器人的戀情卻備受考驗……

機器人也會有夢想嗎？曾經有個很特別的機器人，與生俱來就幽默風趣、又具有藝術天分，而且「他」的機器人生真正有夢，夢想要成為一個「人」。根據科幻大師艾西莫夫的小說所改編，由名導演克里斯・哥倫布（Chris Columbus）執導，知名喜劇明星羅賓・威廉斯（Robin Williams）擔綱演出的《變人》（Bicentennial Man），講述的就是這樣的故事，一個機器人花費了兩百年的時光，試圖成為一個人的歷程。長生不老、生命永恆的機器人為甚麼想要成為像我們一樣生命有限的人呢？這種改造有可能嗎？機器人到底要怎樣才能成為人？而在這漫長的歲月中，「他」經歷過甚麼樣的風霜雨露、悲歡離合？最終，「他」的夢想實現了嗎？

就像《原子小金剛》啟發了許多日本的機器人專家，《變人》對歐美年輕機器人學者的影響也相當深遠。在這部片長超過兩小時的電影裡，並沒有像《魔鬼終結者》般造型特異的機器人，也沒有像《變形金剛》中令人目不暇給的動感變身，甚至沒有典型機器人電影中幾乎都會有的機器人大對決，以及一旁不斷驚叫的美女，那它何以如此打動人心？

在電影裡，身為主角的機器人安德魯單純地想要融入人類社會，一心渴望得到大眾的接納。仔細想想，生活中類似的情景並不令人陌生，如果我們將安德魯置換成社會上飽受異樣眼光的弱勢族群，就可以感受到尋求認同的故事其實隨時隨地在發生，甚至我們每個人心中也都可能埋藏有不被父母、朋友或社會認同的心結，期待著有一天能得到真正的接納。安德魯的故事觸動了我們心中溫暖、脆弱的部分，也讓《變人》這部經典機器人科幻電影，充滿了人文的情懷與寓意。

安德魯的認同之旅相當具有挑戰性，首先安德魯必須面對的是將自己改造成人類的種種科技難題，難上加難的是安德魯不只想當個宅男，「他」還想談戀愛、步入結婚禮堂。想一想，如果你的好朋友告訴你，他心愛的那一半既幽默風趣、又才華洋溢，但「對方」卻是個不折不扣的機器人，你是要祝福他，還是要勸阻他？我們真的可以真心接受機器人作為情人嗎？現有科技又可能讓機器人具有戀愛能力嗎？就讓我們由安德魯的起心動念與改造過程看起。

在電影中，安德魯是北安公司於 2005 年製造、型號「NDR114」的家用機器人，以管家的身分來到馬丁家，「他」精通家務，是個得力的好幫手，男主人雖然不認為安德魯是個人，但認定「他」是家中的一份子。原本平靜的生活在發現安德魯具有藝術天分後有了改變，之後「他」以設計工藝品擁有積蓄，也開始渴望自由。看到這裡，這可挑起我們這些機器人工作者的好奇心了。機器人的藝術天分要如何以工程的手段產生呢？機器人也許可以從事一些簡單、重複的藝品製作，但像古往今來的藝術家們那樣令人讚嘆的創意，應該是上天賦予的吧？

當然科幻電影裡總會有許多的想像，我們也不用寄望科幻電影能提供太多的科技知識，像《變人》的故事背景設定開始於 2005 年，設想屆時會有像安德魯這樣的家用機器人誕生，這顯然是對機器人發展過於樂觀的預測，即使身在 2016 年的今天，夢想也依然沒有成真。其實科幻電影的重點往往不在於科技本身，而是如果真有這樣的科技，後續會發生多麼有趣、吸引人的故事，比方說，當有了時光機器，我們就可以回到未來，至於時光機器到底是如何發明的呢？就讓聲光效果來代表吧！所以，作為科幻片的觀眾，我們就不要太深究安德魯的天分從何而來，而「他」又為甚麼能經由閱讀與學習、萌生渴望自由的念頭了。

安德魯從主人那裏得到允諾，成為自由的「機器人」後，就此展開「他」的成「人」之路。在這個改造過程中，由於考慮到人類對自己的第一眼印象，安德魯決定先從外表著手。在創造安德魯設計師之子、機器人工程師巴恩斯的協助下，「他」脫下金屬、僵硬的外裝，將外形改造成如同真人般的質感。此種外表的改造，以現今材料科學所開發出的矽膠材質人造皮膚來看，雖然達不到栩栩如生的地步，卻是很有機會足以亂真。

接下來「他」進一步讓身體的內部也擁有像人類一樣的器官，得以好好體驗一下食物的美味、周遭環境的氣息。這個改造難度就相當高，據報導，曾經有一群工程師試圖將捐贈的人體器官組裝成具有人造循環系統的生化機器人，但要能達到像人體般的流暢運作，技術上仍然存在可觀的差距。

有鑑於常常被誤會成冷血、不具感情，安德魯也很希望自己能夠展現出喜怒哀樂的表情，不至於在感傷的時刻看起來冷酷無情，高興時也無法開懷大笑。這一點安德魯可能要多擔待，因為以目前的技術，就只能仰賴電腦操控馬達與機械結構來模擬「情緒」，這當然比不上人類的流暢、自然，一個不小心，還很可能讓人感覺你是皮笑肉不笑呢！

有了人類的外表、感覺和表情後，還缺了甚麼？別忘了，大多數的人類可是具有性愛與繁衍能力，雖然操刀改造的巴恩斯開玩笑說，並不是每個具有性能力的人都很享受這項功能。不過，具有性愛能力、或說是繁衍能力的機器人到底是甚麼意思呢？兩個機器人進行交配，生出機器人小孩？以工程手段來實現此生物功能，就現有的科技而言確實是毫無頭緒，但機器繁衍的概念並非完全是無稽之談。以電腦來說，如果我們持續更新它的作業系統，保持各項原件的保養與更換，讓此部電腦能一代一代的運作，那它算不算在繁衍後代呢？不過，這與人類的繁衍能力及方式絕對是截然不同。

現階段的安德魯與人類應該是無所差異了吧？安德魯自給自足、守法、交稅，甚至以「他」的深情追得美人歸，讓主人家的第四代女兒波夏願意和「他」共度一生。為了讓自己真正得到人類社會的接納，並讓「他」和波夏的婚姻得到承認，整個認同之旅的最後一站就是取得人類的身分認證。但「他」的申請被拒絕了，原因是「他」不會死。人類生命是有限的這件事，對我們之所以為人就那麼重要嗎？

因為我們擁有的是有限的人生，所以我們對生命中的悲歡離合，得到與失去的感受和具有永恆生命的機器人不一樣，也就是因為無法永遠保有，我們會痛苦、會被試煉、也因此學會懂得珍惜。電影最終，具有無限生命的安德魯，選擇和他深愛的波夏一樣老去、死亡，在接近兩百歲的那一刻結束生命，也終於獲得人類社會的認同，成為真正的人。

電影結束在這溫馨、憂傷的別離，卻留下許多值得回味的餘韻，以技術面來看，現階段當然不可能讓機器人變成人類，但電影倒是提供了很有意思的藍圖，從外觀的改造到內在組織的調整，由基本功能的建立到深層思維的反思。而「變人」所點出的認同議題也相當具有啟發性，比方說，整容就是一個改變外在來取得自己內心平衡的手段，在此同時，我們也看到一些性別跨界的嘗試。

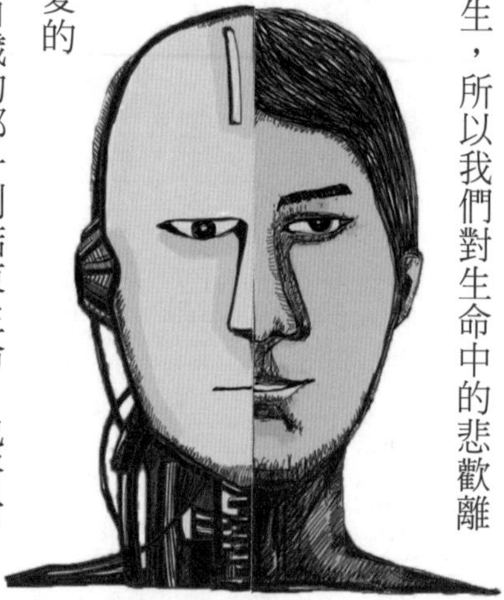

↑在《變人》電影裡，安德魯逐漸有了人的外觀與內在，最後也選擇了和人類相同的老死命運。圖片來源／《科技 / 社會 / 人 2》，交通大學出版社。

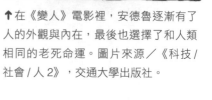

安德魯擁有像人類一般勇於追求夢想的靈魂，努力尋求身體與心靈的一致，他失去了無限的生命，卻得到內心永恆的和諧。

Robot 隨堂考

1 電影中，機器人安德魯為了得到人類社會的認同，最先改變的是甚麼？

2 外表、感覺和情緒都是安德魯改造的項目，若以現今的科技來檢視，可以透過哪些材料或方法完成改造？或是有哪些項目難以被實現呢？

3 即使是擁有了身體形貌、情緒甚至是人類的性愛能力，安德魯在最後一刻還是被拒絕核發人類身分證，這是因為機器人和人類在哪一方面是非常不同呢？

想擁有A.I.人工智慧裡的性愛機器人嗎？

以現今機器人的技術，不太可能製造出有真愛能力的機器人小孩。但大衛在旅程中遇到的牛郎機器人，倒是頗有可能成真。

片　　名 A.I. 人工智慧（A.I. Artificial Intelligence）

導　　演 史蒂芬．史匹柏

上映年份 2001 年

主　　演 裘德．洛、哈利．喬．奧斯蒙、威廉．赫特

簡　　介 擁有真愛能力的機器男孩大衛，進入領養家庭來代替其因為絕症而進行冷凍睡眠的兒子，但當其兒子奇蹟甦醒後，大衛得不到人類母親唯一的愛，有了妒意與失控行為，因此被放逐，開啟一段尋母之旅……

提起《A.I.人工智慧》（A.I. Artificial Intelligence）這部由知名導演史蒂芬・史匹柏於2001年所推出的機器人科幻電影，大家馬上會聯想到的應該是劇中由哈利・喬・奧斯蒙（Haley Joel Osment）所飾演的主人翁，可以愛人、也渴望被愛的機器人小孩大衛，以及「他」被領養家庭拋棄後，所走上的自我追尋與尋母之旅。但以現今機器人的技術來看，在可見的未來，是不太可能製造出像大衛一般、具有真愛能力的機器人小孩。片中最讓我們機器人研究者眼睛為之一亮的角色，反而是大衛在旅程中遇見、由裘德・洛（Jude Law）所飾演的牛郎機器人。

性產業在人類歷史中是個非常古老的行業，歷久不衰，一直延續到今天，如果要論產值，它絕對不落人後。但機器人涉足情色業真有可能性嗎？它在技術上的挑戰會是甚麼？看多了像「魔鬼終結者」、「變形金剛」這些打打殺殺的機器人後，真是令人不禁擔心，性愛機器人會不會很危險啊？

性愛機器人的議題不僅僅存在於科幻電影，即使在嚴謹的學術會議也曾有過相關討論，而且還激起不少迴響。人工智慧學者大衛・利維（David Levy）便曾出版過專書《機器人的愛與性》（Love and Sex with Robots）探討人與機器人建立此種親密關係的可行性，書中論及人類對性愛觀念的演進，並預測擁有機器人情人的日子並不遙遠。未來真的有可能開發出像日本女星綾瀨遙在《我的機器人女友》（僕の彼女はサイボーグ）中所扮演的機器人女朋友，或是足以從事性愛工作的機器人嗎？

東方社會對情色議題一向隱晦，但弔詭的是在台灣街頭卻隨處可見販賣AV的商店；由日本AV女星波多野結衣所代言的台北捷運悠遊卡，儘管是備受爭議，在網路上可是一卡難求。而即使中國、日本存在著釣魚台的領土爭議，但絲毫不減中國市場對日本AV女優的歡迎度。而身為機器人重鎮的日本，竟然同時也是AV大國，這真是個有趣的巧合。性愛機器人並不是虛幻的觀念，它已被視為亟待開發的產品。事實上，台灣已經有出身新竹科學園區高科技公司的工程師，在承受眾人有色眼光之下，投入性愛機器人的開發。他著手改良進口的情趣矽膠娃娃，在關鍵的部位加裝感測與控制晶片，同時設計出可藉由聲音開啟馬達產生震動的功能，展現出一定的市場潛力。也曾經有業者詢問我所服務的系所可否合作開發性愛機器人，但我們一方面顧及對外形象，同時也擔心做不出來會砸了招牌，所以就沒有了下文。

我們來看看以性愛機器人取代真人的市場價值何在？首先，顧客的選擇會變得相當多元。例如說，產品可以有不同身材、年齡、語言、種族、性特徵等樣式，服務品質也比較有保障，這得歸功於機器擁有遠較人類穩定與精準的特性，而藉由智慧程式的調整，客製化將成為可能，可以回應顧客的各種特殊需求；再來，我們甚至可以大膽地假設，性愛機器人將可能大幅減少與性交易有關的人口販賣，性病的傳播也會大大受到抑制；另外，使用性愛機器人，也許比較不會破壞家庭關係，因為第三者不是人，不涉及感情，在使用上比較不會產生罪惡感或之後的紛爭。再者，就像現在很熱門的機器人主題餐廳，說不定「機器人紅燈區」有機會能成為旅遊的火紅亮點。

回歸到技術面，相對於功能被動的充氣娃娃，性愛機器人最吸引人的地方，在於它能有所「互動」。市場上對於性愛機器人的期待，當然是希望它能藉由對使用者身體狀態的有效掌握，隨之展現靈巧的動作，貼心地回應使用者需求。最基本當然需要有靈敏的感測器來偵測身體的變化，有了這些資訊後，再來就得仰賴具智慧的軟體加以分析，建立溫柔或狂野的遊戲規則，再藉由馬達等致動器提供動力，期許能在最正確的狀態與時間點，回應以最貼切的動作。

結合了動力與智慧，化被動為主動，性愛機器人在情色市場上看起來是前景可期，但它的實現可是充滿了挑戰。光是要能對使用者的身體狀態做出較精確的判斷，裝置在機器人身上的感測器該採用何種材質、如何設計，就頗費人思量，更何況量測的場景是在人與機器人高度糾纏的情況下；控制技術部分也不簡單，人類可是血肉之軀，可不能讓機器人展現在工廠中的俐落與力道，它必須能夠精巧、細膩、且順從地完成各種動作；而人工智慧提供的規則如何能夠應付彼此親密互動下所展現出的各種高難度行為，也是個艱鉅的任務。

這所有的挑戰當中，性愛機器人是否能夠成功推上市場的最大關鍵就是，它到底夠不夠安全啊？設想一下，如果使用者在纏綿悱惻的過程中受到傷害，那可是非同小可！比方說，萬一馬達有個閃失，唉呀呀！光想到就很痛。當然，就如同工業機器人的設計，性愛機器人也會配置供緊急使用的安全鈕，但在緊要關頭、千鈞一髮之際，誰會記得安全鈕在哪裡啊？

除了技術上的挑戰外，性愛的行為也不易化約為簡單的機械動作，它當然可以單純地就是在孤獨、苦悶時的慾望發洩，而它同時也可包含兩情相悅、彼此之間的濃情密意。面對性與愛這樣人類恆久的議題，以現階段工程手段所能達到的性愛機器人，大概都僅是簡易型或只是作為想像的對象。反而是性愛機器人的前身，全然被動的充氣娃娃，至今仍然溫柔、靜默地承擔著撫慰寂寞心靈的工作。

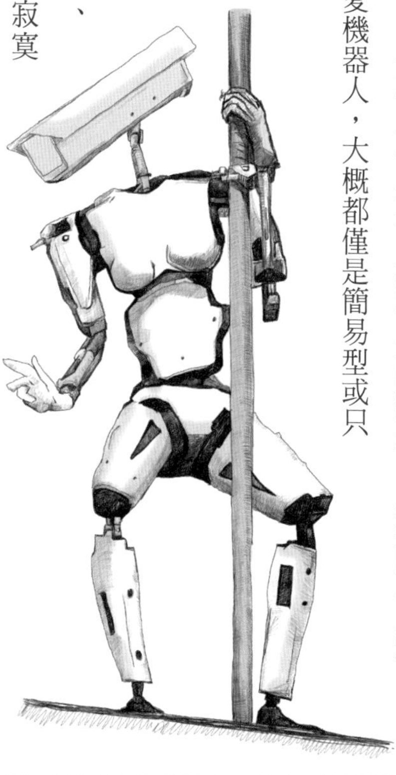

↑引人暇思的性愛機器人（翻製外電報導）

Robot 隨堂考

1. 相較於人類，性愛機器人的服務品質會更有保障嗎？
2. 性愛機器人能減少甚麼樣的問題？上市的最大挑戰是甚麼？
3. 性愛機器人要透過那些科技來回應使用者的需求？
4. 你覺得台灣的社會有可能接受性愛機器人嗎？為甚麼呢？

你愛我嗎？
我的雲端情人！

「她」幽默有趣、善體人意，
但是「她」並沒有形體，
原來「它」是來自雲端的情人。

片　　名 雲端情人（Her）

導　　演 史派克．瓊斯

上映年份 2014 年

主　　演 瓦昆．費尼克斯、艾美．亞當斯、魯妮．瑪拉、史嘉蕾．喬韓森

簡　　介 心思細膩的信件代寫人西奧多，在一次偶然的機會下接觸到最新的人工智慧系統 OS1，其化身莎曼珊聲音迷人、溫柔體貼且幽默風趣，西奧多很快就與「她」墜入情網，但漸漸地，這段感情開始受到考驗……

在2014年推出的科幻電影《雲端情人》（Her）中，一位感情細膩的男子迷戀上人工智慧軟體，共同譜出一段不下於羅密歐與茱麗葉的浪漫愛情故事。這部電影是由榮獲奧斯卡最佳原創劇本獎的史派克・瓊斯（Spike Jonze）所執導，演技派明星瓦昆・費尼克斯（Joaquin Phoenix）飾演這位深情的男子西奧多，美艷的「黑寡婦」史嘉蕾・喬韓森（Scarlett Johansson）並沒有露面，而是化身為人工智慧軟體「莎曼珊」。世間有各種形式的戀情，但人與電腦談感情，還談得如此深情款款、纏綿悱惻，這真有可能嗎？

電影是設定在不久的將來，在那個時代，先進的人工智慧技術讓數位資訊綿密地環繞在我們的生活四周，許多工作均可透過網路交由遠端的陌生人來執行。其中，男主角西奧多所從事的工作正是替別人撰寫像是親情、愛情這種私密關係的信件。這樣的工作聽起來似乎很誇張，可是大家想一想，由於常用電腦的緣故，會不會也常常忘記某些字該怎麼寫呢？如此說來，未來若真有信件代寫行業的出現，應該也不會太離譜。而擅長替旁人抒發情感的西奧多，自己卻深為已經結束的婚姻所苦，在一次偶然的機會接觸到超級迷人的人工智慧軟體莎曼珊，從而發展出一段獨特的「人機戀」。這段跨越重重障礙、無懼世人異樣眼光的戀情何其感人，讓電影前的觀眾隨之悲喜。但是，我們既然要來認識機器人的大腦，我就得很煞風景地來分析一下，到底和電腦談戀愛會有甚麼樣的優缺點。

在優點方面，首先，莎曼珊以其可連結到無限寬廣的資料庫，以及超高速的搜尋、分析與學習能力，可以極其貼心、觀察入微、又從不頂嘴地回應西奧多日常對話與心情分享，這一點就不是我們凡人可以辦得到的，也因此讓西奧多逐漸由知己的感覺，跨越到愛情的氛圍，當然史嘉蕾．喬韓森迷人、磁性的聲音應該也有推波助瀾的效果。而且，莎曼珊可以呼之即來、揮之即去，只消開機、關機就辦得到，這會不會太美妙了呢？哈哈！你會有膽量對你親愛的另一半做出這樣的事情嗎？而現今到處充斥著恐怖情人，莎曼珊肯定不會是其中的一位。甚麼？莎曼珊沒有外貌與形體，別擔心！藉由網路交友軟體的協助，她能替你篩選出最適合的人類分身，還能以她無敵的口才說服分身前來呢！最後一項不能大肆宣傳的優點，就是你可以和好幾個莎曼珊交往，卻不用擔心身敗名裂！是不是讓人很心動呢？

那缺點呢？很遺憾地，從古至今，在所有的愛情故事裡，常常一開始欣賞的不得了的優點終會轉變成讓人完全無法認同的缺點，即便是電腦情人恐怕也難逃脫這個宿命。電腦以其凡人難以匹敵的人工智慧搜尋與分析能力，可以滿足人類的萬千想像，但終究達不到人類的慧詰與想像力，百依百順的情人就是欠缺了那麼一點火花。沒有外在的形體在「交友條件」上顯然還是很吃虧，即使有人類的分身取代，就是有那麼一點隔閡。而你可以交往好幾個莎曼珊，那她當然也可以上網同時和許多人談戀愛囉！這一點對西奧多傷害最大，因為絕對不能低估人類對愛情的獨占性，這也是莎曼珊永遠無法理解的。

談感情也許太深奧，我們還是先從技術面來看，雲端科技指的到底是甚麼？再來討論雲端情人存在的意義。「雲端科技」是當今炙手可熱、受到國內外廣大關注的新技術，不但深具發展潛力，更隨著個人電腦、網際網路與智慧型手機的腳步席捲各個科技領域，進而全面性地影響到我們的日常生活。雲端科技指的是透過網路連線來取得遠端主機提供服務的技術，「雲」的範圍相當寬廣，包括組成網際網路的資料庫、媒體、程式以及各式各樣的服務資源，而「端」指的是像是電腦、智慧型手機、數位電視等使用者端。之所以會以「雲」作為意象，主要是為了顯示資訊來源的多元、動態與彈性，並不僅僅是仰賴單一、固定的資料庫。而使用者並不需要了解雲裡面到底是如何運作，只要可以穩定、可靠地取得所需資訊就好，就好像我們可以透過任何一台ATM 來領錢，卻不用去管銀行裡面的資金到底是如何在國內外金融市場中流動。也由於擁有來自「雲」強大運算和儲存能力的支持，「端」的設備需求就可以降低，也就說電腦、手機等的工作負擔能夠大量減輕，只要藉著高效率的網際網路加以連結，我們就可以輕鬆地取得各式各樣的資訊。

也因此，雲端科技對機器人領域的發展具有

雲端讓機器人耳聽目明

莫大的吸引力，順勢挑起像「雲端機器人」這樣的概念。由於機器人在未來將會面對越來越多元、更具挑戰性的工作，可以預期需要有更強大的運算、記憶以及推理能力。以日本 SONY 公司於 1999 到 2006 年間所推出的機器狗愛寶為例，它能看、聽、說話和唱歌，也能接受來自主人簡單的語音指令以及觸摸的訊息，這代表著它必須配置各式各樣的感應器，也需要具有某種程度的理解與感知能力。為了要達到動作的靈活度，它擁有大約二十個關節，意味著必須處理為數眾多的馬達以及居間協調的控制器。愛寶還同時配備無線通訊的設備與外界溝通聯繫。功能如此多元，可以想見對整個系統是多大的負擔。如果愛寶誕生當時就有雲端科技的話，它就不用那麼辛苦，大可透過無線網路將絕大部分的例行工作交由遠方的「雲」處理，也就更能將心思放在取悅主人這個主要功能上。

有了技術背景之後，我們再回到一開始問的問題，到底人與電腦有可能談感情嗎？人工智慧程式如果能達到和人有情感上的深刻互動，最起碼的要求是它至少要能表現出類似人類的反應吧！我們先來看一下知名的「圖靈測試」（Turing test），這是人稱「計算機之父」的艾倫・圖靈（Alan Turing）於 1950 年所提出、判斷電腦是否能夠思考的著名試驗，目的在於檢視電腦能否表現出與人無法區分的智慧。參加測試的人員在不知道對方到底是人還是電腦的情況下，提出一系列的問題讓對方回答，看看是否能藉此辨認出對方的身分。如果電腦能通過考驗被認定是人，代表它在所測試類型的問題上，展現出近似人類的智能。在測試中，針對特定技藝開發的電腦程式比較容易通過考驗，例如頂尖的電腦西洋棋程式常被誤認成棋藝高超的棋士，而精巧設計的交談式程式可與人類進行簡單的對談，但常經不起天馬行空的閒聊而露出破綻。

那《雲端情人》中的莎曼珊有機會通過圖靈測試，進而成為稱職的情人嗎？由於她採取的是口語交談的互動方式，所面臨的第一個挑戰就是對語音訊號的處理與分析，先要能清楚地擷取到對方的發話是由那些語句所組成，這部分現今的語音技術已經有不錯的成果。在下一個階段則是要來了解這些語句所代

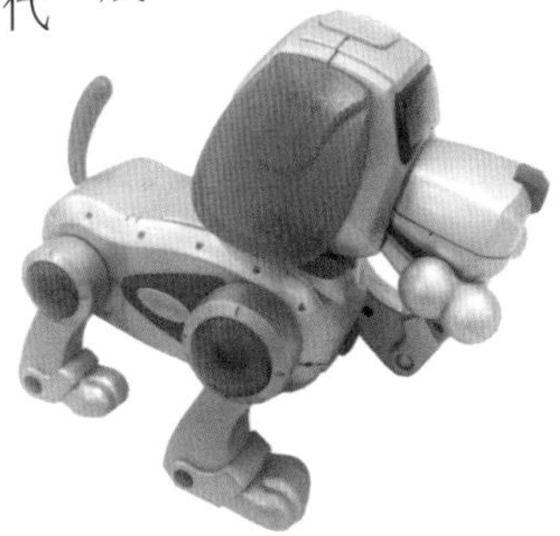

↑這款是住在我家的窮人版機器狗，我在日本以 8000 圓日幣購得，1999 年推出的 SONY 愛寶機器狗在當年可要賣 25 萬日幣！

表的意義，這就有待運用所謂「自然語言」的技巧，目的在於找到句中主、受詞與動詞等，再利用資料庫搜尋各詞彙所對應的意義，進而掌握全句的意涵，如此一來，也就有機會產生比較有意義的回話。而如果希望彼此的對話能夠自然、流暢，那整個過程必須是即時互動，意味著執行運算與分析的系統也必須有極高的工作效率。有了這些技術做為基礎之後，情感部分才有機會加進來。那目前語音互動到底進展到甚麼地步了呢？市面上不是已經有像 iPhone 內裝的 Siri 那樣號稱可和人類對話的語音辨識系統了嗎？就請大家試著和它們講講話，大概就有個譜了！

看來雲端情人似乎前路方遙，但仔細想想，人和電腦或是機器人談戀愛其實是個假議題，因為作為機器人大腦的電腦並不具有人類的意識，也不會有所謂的的感情，西奧多和莎曼珊最終未能修成正果自然不令人意外。人類情感的糾結與複雜，顯然不是理性的電腦所能承擔，畢竟無論電腦科技有多完美，感情終究沒有程式。

Robot 隨堂考

1. 雲端科技是甚麼樣的技術？其中的「雲」和「端」又分別意指為何？
2. 雲端科技對機器人發展有甚麼樣的影響？
3. 「圖靈測試」是甚麼？它是以甚麼樣的方式進行？
4. 人類真的能和電腦或是機器人談戀愛嗎？

大英雄天團裡的療癒型機器人「杯麵」

如果家中有個機器人，
能提供醫療照護、療癒心靈、
還能像鋼鐵人般的勇猛，
那該有多好！

片　　名 大英雄天團（Big Hero 6）

導　　演 唐・霍爾

上映年份 2014 年

聲音主演 萊恩・波特、史考特・艾達斯特、潔米・鍾、小達蒙・韋恩斯

簡　　介 天才少年濱田廣在同為發明家的哥哥濱田正去世後，他和哥哥所發明的醫療用機器人——杯麵成為好友。在發覺哥哥的死因不單純後，濱田廣與杯麵連同幾位夥伴組成聯盟，踏上阻止黑暗勢力的旅程……

獲得2015年奧斯卡金像獎最佳動畫獎、也是2014年最賣座的動畫電影《大英雄天團》（Big Hero 6）成功地塑造出劇中主人翁天才科技少年濱田廣最佳貼身玩伴——杯麵（Baymax）這樣的角色，在可愛、惹人憐愛的外型之外，「他」同時具有醫療功能，能適時地給你一個愛的抱抱，必要時也能像鋼鐵人般飛天遁地。毫無意外、順理成章地繼哆啦A夢之後，成為讓人最想擁有的居家型機器人。當然，我們得好好來審視一下動畫裡的杯麵，真的有可能成為我們現今家居生活中的一份子嗎？

在杯麵所擁有的十八般武藝中，其中的醫療照護可不是幻想，的確是目前學界研發居家照護機器人所關注的重點，當然電影中僅僅憑藉著簡單的掃描就能偵測出病患全身裡裡外外的內外傷，顯然是不切實際，如果真能如此，那醫院裡的醫師和種種貴重儀器都可以全擺在一邊了。目前居家照護機器人的進展包括能偵測出家中成員是否跌倒或失去反應、並送出求救訊號，提醒用藥時間、並給予適當藥品，也可以充當助行器，提供扶持、協助行走等。在台灣邁向老年化社會之際，這些功能都具有相當實質的功效，一方面可減輕醫療資源的負擔，另一方面，也可讓需要照護的長輩保有獨立自主的能力與尊嚴。

除了醫療照護功能外，杯麵長得白白胖胖，走起路來就像個會動的棉花糖，光看起來就很療癒，自然也被賦予撫慰人心的功能。但機器人終究不具有感情，它真的有可能深入我們的心靈，讓我們得到貼心的撫慰嗎？懷疑歸懷疑，答案卻是毋庸置疑。事實上寵物造型的機器人早已經悄悄地執行它們的療癒任務一段時間了！話說 2012 年在台北舉辦的國際自動化工業大展中，就曾經出現過一隻號稱具有療癒功能的擁抱機器人「咖咖熊」，在展場中出盡鋒頭。

顧名思義，咖咖熊以熊為造型，外型相當可愛、親切，廠商開發它是有感於現代人無處抒發的苦悶，想藉由擁抱的方式給大家加油打氣。我當然不會錯過實地體驗「療效」的機會，根據工作人員指示，面對它時，你先要呼喊「咖咖熊」來引起它的注意，然後大聲說出「我要抱抱」，咖咖熊就會搖晃過來與你擁抱，在此同時也會一併測量你的心跳與呼吸，算是連帶的健康檢查。

在大庭廣眾下大喊「我要抱抱」，真是有點尷尬，但以達到啟動系統的目的來看，其實喊甚麼應該都沒有關係，廠商的用意就是好玩嘛！話說此「熊抱」稱得上厚實，心中油然升起溫暖的心情，略為觀察現場其他人被擁抱過的反應，大部分人流露出類似靦腆、滿足之感，好像真的有被療癒到，這也讓人不禁思考起機器人的擁抱到底傳達出甚麼樣的訊息？它足以取代真人的感覺嗎？真的有可能誘發出人類的情感嗎？

談到療癒系機器人，就一定不能錯過號稱世界第一名的機器寵物 PARO，它是由位於日本筑波的產業技術綜合研究所柴田崇德博士（Takanori Shibata）於 2001 年所推出。海豹造型、全身毛茸茸的 PARO，具有細緻的觸感、慵懶的眼神，以及惹人愛憐的叫聲，一觸摸到它就會蜷曲自己的身體，並用它無辜的大眼睛看著你，真的是超級卡哇伊。但你可別以為它只是個可愛的大玩偶，PARO 已經獲得醫學認證，對於躁鬱、失智等症狀具有醫療效果，是個貨真價實的療癒系機器人，它也曾在日本 311

↑海豹造型、全身毛茸茸的 PARO，具有細緻的觸感、慵懶的眼神，真的是超級卡哇伊。照片提供／清華大學通識教育中心林宗德教授

海嘯過後，前往災區撫慰失去親人的倖存者。在日本，它已經被納入醫療體系，並已成功地推廣到全世界多個國家。由於 PARO 確有療效，台灣的工業技術研院也加以採購、並進行相關研究，期待能開發出更具療癒功能的寵物機器人。

PARO 剛問世時，曾經被送到日本筑波的醫院陪伴一位近乎失智的老太太。老太太已經有一段時間不跟外界溝通，就連醫生和護士也沒法讓她開口，神奇的是她竟然和 PARO 說話，震驚了所有人，也讓 PARO 開始得到外界的注意，許多人都想問，它究竟是怎麼辦到的？有個說法是因為 PARO 是機器寵物，可以被我們所控制，所以容易產生安全感，也有人說，可愛的外型加上身體的觸感，以及類似智慧的互動所產生的親切感使然。但究竟為甚麼人會對機器寵物產生眷念呢？

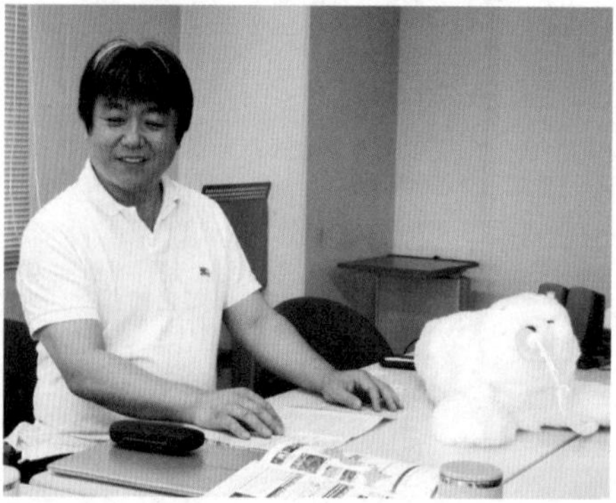

↑柴田崇德博士說 PARO 就是設計來讓人們「抱」。它擁有相當多的感應器，對聲音、光線、溫度與身體接觸都有感覺。照片攝於日本筑波產業技術綜合研究所柴田崇德博士會議室。

我們以工程眼光來仔細檢視一下PARO，它並沒有雙腳，不會行走，在我訪談人稱「PARO之父」的柴田博士過程中，他說PARO就是設計來讓人們「抱」，所以不賦予它行動能力，但卻讓它擁有相當多的感應器，對聲音、光線、溫度與身體接觸都有感覺，能與人進行簡單的互動，會撒嬌、展現萌樣，也有所謂的情緒需求，會渴望你來摸摸、抱抱它，它也會回應你滿足的笑容。以技術層面來看，PARO的組成並不是非常複雜，這樣就足以打動人心了嗎？

仔細想想，PARO身為機器寵物，沒有自我意識，可以想見它並不知道自己在做甚麼，當然也無從主動投入情感，所以我們感受到的溫暖是來自本身的移情作用，願意沉浸於想像中自在、安全的氛圍裡，而機器寵物所能提供的實體感與多重感知上的回饋，比起一般的玩具寵物，更能營造出擬真互動的情境。

而PARO的成功不僅於此，它身上的馬達、感應器等，全部手工製造，極其精巧、細緻，讓擁抱它的人感覺相當自然、舒適。柴田博士說，當初選擇海豹造型，而非貓或狗，乃是基於人類對於海豹的印象是相當可愛，但並不熟悉，也因此不至於對PARO的外型與叫聲與真實海豹到底像不像有所成見。而柴田博士的團隊也持續不斷地根據使用者的回饋，調整出一代又一代更貼近使用者需求的產品，也由於這份貼心，讓原本該是冷冰冰、不具情感的機器寵物，卻溫暖了人心。

Robot 隨堂考

1. 《大英雄天團》裡的杯麵所擁有的功能中，哪些恰好是目前學界的研發重點呢？
2. 目前居家照護機器人已有那些進展？
3. 日本所開發的 PARO，真的具有醫療效果嗎？
4. 人類為甚麼能從機器寵物身上感受到溫暖呢？

想擁有鋼鐵人的超級盔甲嗎？

若以現有技術來開發鋼鐵人，
應該會步履蹣跚，
沒走幾步路就需要充電，
那還稱得上是漫威英雄嗎？

片　　名 鋼鐵人（Iron Man）

導　　演 強・法夫洛

上映年份 2008 年

主　　演 小勞勃・道尼、泰倫斯・霍華、傑夫・布里吉、葛妮絲・派特洛

簡　　介 身價億萬的企業家、天才發明家東尼・史塔克，為美國政府製造頂尖武器，過著人人稱羨的日子。他在一次的武器測試中被劫持，為了脫身而假意聽從對方的命令為其製造武器，在這段期間製造出一套鋼鐵衣，改變了自己的人生……

《鋼鐵人》（Iron Man）是近年來相當受到矚目的機器人科幻電影，自2008年推出以來，已經陸續推出兩部續集。好萊塢知名影星小勞勃．道尼（Robert Downey Jr.）飾演劇中可化身為鋼鐵人的美國億萬富翁東尼．史塔克，順勢成為當今火紅的科幻英雄。電影中的史塔克不僅富可敵國，他還是個天才發明家，擁有美國麻省理工學院的學位，又有葛妮絲．派特洛（Gwyneth Paltrow）所飾演的美麗秘書女友小辣椒相伴，理所當然成為宅男嚮往的偶像。史塔克平常已經趾高氣昂，一旦穿上可飛天遁地、無堅不摧的鋼鐵人裝，更是意氣風發、不可一世。

鋼鐵人裝稱得上是高科技的超級盔甲，但運用盔甲保護戰士、使其避免受到傷害，其實是自古以來相當普遍的方式。在古裝的戰爭片中，我們常常會看到雄赳赳、氣昂昂的將軍，穿著閃亮堅實的盔甲、瀟灑地揮舞長劍，看起來帥氣極了。但事實上，為了能有效防範刀、箭等武器的重擊與穿透，真正的盔甲重的不得了，無怪乎電影中的戰士個個都像《神鬼戰士》（Gladiator）中的羅素．克洛（Russell Crowe）一般肌肉結實、身強體壯，不然早就讓盔甲給壓垮了。由於盔甲既笨重又不合身，現代已經很少使用。而防彈衣等新一代的「盔甲」所採用的材料，常常是化學合成的纖維、織布等，質地輕盈綿密，卻堅固強韌，就像武俠小說中傳說的天蟬衣。不過，防彈衣雖然擋得了子彈的穿透，卻化解不了它的衝擊力，這才讓史塔克的鋼鐵盔甲有了捲土重來的機會。

新世代的盔甲要如何克服舊式盔甲的限制呢？史塔克所設計的鋼鐵人裝提供了相當好的答案，關鍵就在於他將動力和智慧引進盔甲中，讓它不再只是個被動的負擔，而是像機器人一樣具有主動的行動能力，同時擁有足以接收並分析外在環境與主人訊息的智慧型系統。我們仔細檢視一下電影中鋼鐵人裝的組成：在裝甲部分，相較於傳統笨重的鐵製盔甲，已進化成高韌性、極度堅實且具超高防禦性的磁化合成金屬外殼；其能源來自以某種超高效能粒子為燃料的轉換器，必要時可吸取周遭的熱量與動能轉化成能源；而在動力方面，強大的推進系統足以讓它完成極其靈活的動作以及超高速飛行。

這些華麗的願景真是令人熱血沸騰、心生嚮往，但以現在技術的層次來看，顯然是困難重重。首先，能源就是極大的問題。受限於現今電池的容量，就連智慧型手機、電動車等產品都需要頻繁充電的情況下，不可能有電池或其他輕便的能源產生方式可以維持像鋼鐵人這樣複雜系統的運作；而既輕薄精巧又可節能的動力裝甲，在材質開發上仍然面臨巨大挑戰。所以，如果採用目前的技術來開發鋼鐵人，他應該會步履蹣跚，而且沒走幾步路就需要回家充電，這還稱得上是漫威英雄嗎？至於把鋼鐵盔甲變成飛天遁地的個人飛行器，技術上的障礙實在太多，直逼科幻層次！

除了鋼鐵人裝本身的設計外，讓鋼鐵人之所以如此強大的最大關鍵在於史塔克的意識可以天衣無縫般地連結到盔甲的操控系統，讓史塔克就像武俠小說中的絕世高手一般，化身為人盔甲合一的「鋼鐵人」。如何達到這樣的境界呢？這就得仰賴頭盔中連接人腦與電腦的介面來讀取他的腦波訊號，史塔克才能以全然直覺的方式來操控鋼鐵人。在如此完美的人機結合下，搭配具高度人工智慧的電腦以及各類型高性能的感應器所提供的即時資訊，史塔克就此完全掌握敵我形勢，在第一時間做出最適切的判斷，給予敵人當頭棒喝、致命一擊！

大家會不會擔心，這大概又是科幻的想像吧？像這種類似擔任人腦與電腦之間橋樑角色的腦機介面真有可能實現嗎？讓我們先來看看組成腦機介面的各個單

元，其中，「腦」指的是具有生命形式的腦或神經系統，而「機」則代表從積體電路到晶片等資訊處理或運算機制，這也意味著居中的介面，需要連結的是生命端的有機組織和機器端的機電系統。換句話說，腦機介面想要挑戰的是生命與機器的連接，乍聽之下，大家肯定覺得「這不可能吧？」但千萬不要跟科學家說「不可能」這句話，他們是絕對聽不進去的，而且，科學的進展不就是從挑戰各種的不可能開始的嗎？

在腦科學領域享有國際聲譽，來自交通大學電子系吳重雨教授以及美國加州大學洛杉磯分校電機系劉文泰教授所領導的研究團隊，當初也是在眾人懷疑眼光中，開發出一種可以直接連結電子視覺系統與大腦內部眼部神經的腦機介面，也就是一般稱為「人工電子眼」的人工矽視網膜晶片系統。這項令人振奮的技術可以讓後天失明的人，即使在失明多年之後，仍然有機會重見光明。這對於視障朋友來說，可是莫大的鼓舞。

根據該團隊的研究指出，後天失明者常常因為視網膜病變的原因，導致無法將眼睛所接受到的外界影像轉換成神經訊號傳達給視網膜後方的眼部神經。這給

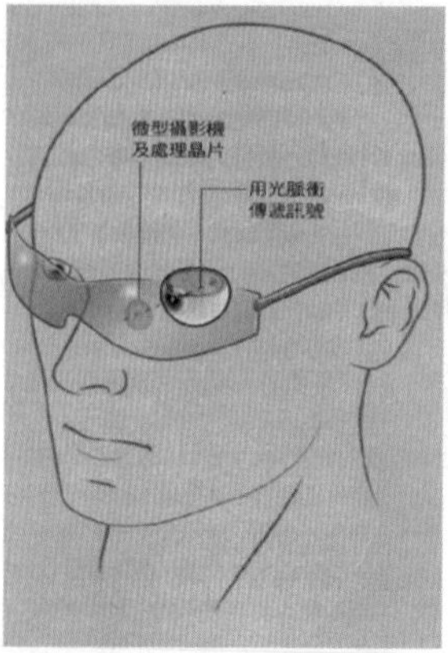

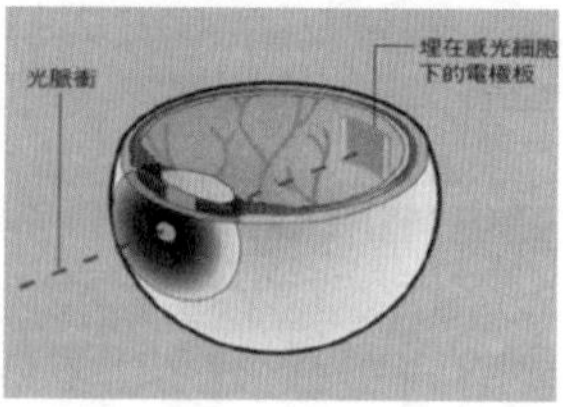

以微型攝影機及處理晶片接收並分析外界影像，再以光脈衝傳遞訊號，並刺激埋在感光細胞下的電極板，產生電流刺激眼部神經，製造出對應於外界真實環境的腦中影像。

↑由交通大學、台北榮總、陽明大學及清華大學團隊共同開發的人工矽視網膜晶片系統。圖片提供／交通大學電子系吳重雨教授

了研究團隊一個靈感，既然眼部神經的功能並沒有受損，那有沒有可能繞過受創的視網膜，將外界影像直接送到眼部神經呢？基於這樣的想法，他們讓失明者戴上裝有微型攝影機的眼鏡來取得外界影像，接著將此影像訊號送到植入視網膜後方的電極板，產生電流刺激眼部神經，製造出對應於外界真實環境的腦中影像。

當然，這個人工矽視網膜晶片系統比不上生物的視網膜，尤其是影像的解析度與人類視網膜相差許多，以至於只能看得出物體大致的輪廓，隱隱約約可以分辨出是門窗或是家具等家中環境。如果要閱讀一段文字，字體要很大，也需要很長的時間慢慢掃描過一個接著一個的字母。但對失明的人來說，能夠重新看到

陽光、看見家人，即使不是那麼清楚，已經是衷心滿足了。就像因為此項研究受到美國前總統柯林頓公開讚揚的劉文泰教授所說，不管研究工作再辛苦，當看到一位失明長達數十年的七十多歲老先生重獲光明時的那種喜悅，所有的一切都是值得的。

兩位傑出教授的卓越表現，除了帶來新的科技突破外，也帶給我們人生上的啟示，當面對各種考驗時，可千萬不要人云亦云、自我設限。以現有科技來看，雖然想達到像《鋼鐵人》那樣以腦波操作鋼鐵盔甲仍然是充滿障礙，但就讓我們將它當成一種理想與願景，勇敢接受挑戰，化不可能為可能！

Robot 隨堂考

1. 以現在的技術來看，製作鋼鐵人所面臨的最大挑戰會是甚麼？
2. 在《鋼鐵人》中，史塔克是如何操控鋼鐵人的呢？這種技術有可能實現嗎？
3. 交通大學電子系吳重雨教授以及美國加州大學洛杉磯分校電機系劉文泰教授所領導的研究團隊創造出甚麼樣的裝置？
4. 人工矽視網膜晶片系統和人類的視網膜有哪些差別？

如果哆啦A夢變成魔鬼終結者？

不達任務絕不終止！
萬一不幸被「他」鎖定，
大概就準備跟這個世界說再見了！

片　　名 魔鬼終結者（The Terminator）

導　　演 詹姆斯・卡麥隆

上映年份 1984 年

主　　演 阿諾・史瓦辛格、麥可・比恩、琳達・漢密爾頓

簡　　介 2029 年，名為「天網」的人工智慧防禦網路產生自我意識，認定人類的存在會威脅它，決定消滅所有人類。在戰爭過程中，約翰帶領人類對抗天網且占上風，因此天網送回一名魔鬼終結者回到 1984 年，試圖殺死約翰的母親莎拉，而人類也送回一名戰士凱爾以保護莎拉……

不知道大家有沒有注意到，深受大、小朋友喜愛的動畫人物哆啦A夢其實是來自未來的機器人，它的造型超可愛、又有許多法寶，每個人都好想家裡有個它！但是如果跨越時空而來的機器人換成是魔鬼阿諾，大家意下如何呢？應該是嚇都嚇壞了，趕快祈禱阿諾不要來！

在1984年上映，由詹姆斯．卡麥隆所執導的機器人科幻電影《魔鬼終結者》（The Terminator）講述的就是這樣一個故事，阿諾．史瓦辛格（Arnold Schwarzenegger）擔綱演出令人聞風喪膽、不寒而慄的機器人殺手，從2029年來到1984年的地球試圖殺死一位名為莎拉．康納的女性。冷酷無情的阿諾，挾著來自未來的機器人科技大開殺戒，人類該如何是好呢？

《魔鬼終結者》的故事背景是人類所開發的人工智慧防禦網路產生自我意識，掌握了主導權，進而引發毀滅性的核戰，天網和它的機器人大軍也因此統治了地球，只剩下少數的人類反抗軍負嵎抵抗。為了要徹底消滅頑強的反抗軍，天網派出最新型、與人類外表幾無差異的機器人阿諾回到過去來殺死反抗軍領袖約翰．康納的母親莎拉．康納，心想如果媽媽沒了，那小孩也就消失了。也就是說，

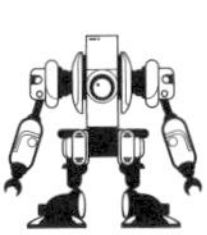

既然打不過小孩，就來打媽媽吧！先不管這個邏輯有沒有道理，反抗軍的因應之道是也從未來派出一位戰士凱爾．瑞思來保護莎拉，雙方在現在與未來兩地開打，好不熱鬧。

《魔鬼終結者》電影中運用了兩種科幻電影很喜愛的題材——時空旅行和機器人，兩者相加更是想像無限。但時空跨越這樣的概念其實違反許多我們熟知的定律，特別在實際工程系統的設計上是完全不能被接受的。工程上有一條普遍被遵守的定律叫作「因果律」，簡單的說就是現在的結果不能仰賴未來的因素。比方說，今天要考試，明天再讀書是沒有幫助的，或是說我不能用明天的開獎結果來簽賭今天的樂透。也許有人會挑戰說，那我利用算命或星座所算出的未來決定今天的行動不行嗎？可以的，預測未來並沒有違反因果律，但是如果有那種百分之百正確的預測就不行，這就好像學生事先已經知道答案再來考試，絕對會讓老師很頭痛。或是說，你可以運用專業知識判斷球隊的實力來簽職棒運動彩券，但如果利用放水預先買定輸贏，那便違反規則。

天網和反抗軍都想利用未來的力量來改變過去，這真的會讓事情大亂。電影中，凱爾為了保護莎拉免於阿諾的傷害，在患難與共的過程中愛上了莎拉，後來莎拉懷孕生下了約翰，凱爾也就成為約翰的爸爸，但凱爾是約翰在他還不是自己父親時從未來派來的啊！這真是雞生蛋、蛋生雞，誰先誰後糾纏不清了。你看看，不是早說過因果律不能被破壞嗎？還有一件事也很令人納悶，阿諾和凱爾在跨越時空時都沒有穿衣服，為甚麼呢？是因為衣服不像人類具有生命，所以不能穿越時空？那阿諾應該也不可以，因為它也是沒有生命的機器人，應該和衣服遵守相同的物理律。但電影顯然是將阿諾和凱爾歸為同一類型，本質為機器的機器人，卻能享有類似人類的待遇，而觀眾似乎也不以為意、還覺得理所當然。將人與機器人混為一談，其實是不合道理的，但這不就是機器人科幻電影有趣的地方嗎？

這來自未來、編號 T- 800 的阿諾到底是甚麼樣的機器人呢？「他」和人類有何不同呢？阿諾外表的肌肉、皮膚、毛髮使用了類似人類的材質，所以看起來和人類極端相像，內部則是採用超級金屬骨骼架構，因此行動相當敏捷、並且異常堅固。「他」還擁有超高效率的電腦與視覺系統，可快速搜尋、確認目標，不具有情緒、感情，不懂得憐憫、不會感覺恐懼，一旦啟動，不達任務絕不終止！

所以萬一不幸被「他」鎖定，大概就準備跟這個世界說再見了！我們大概不會希望自己的鄰居像是這樣子吧？歸根結柢，阿諾終究只是外表接近人類，但骨子裡不折不扣是機器人，並不是真正的人類。

從科技角度來看，未來真的有機會打造出像阿諾一樣的機器人嗎？其實學術界很早就在思考這樣的問題，1940 年代美國麻省理工學院諾伯特・維納教授（Norbert Wiener）嘗試提出一種動物、人類與機器都必須遵守的「通訊與控制理論」。他的想法是「如果要讓機器和人類、動物之間沒界線，那這世界需要存在某種他們能一體適用的定律」。換句話說，如果想建造出像人一樣的機器人，人類要能夠被當作機器來看待，要能遵循機器所適用的物理、化學、電機、電腦等理論，就像電影《駭客任務》（The Matrix）的劇情，電話可以用來傳遞聲音，也可以用來傳遞人類，也因此阿諾和凱爾都可以利用相同的方式跨越時空，而且應該都可以穿上衣服。

維納教授的理論被稱之為「神經機械學」（Cybernetics），隨後衍生出賽博格（Cyborg）這個概念，Cyborg 乃是「Cybernetic Organism」的組合，指的是結合了機械結構與電子元件的改造人或生物，試圖藉由人工科技來強化生物體的能力。賽博格主要運用以下幾種方式來實現，一種就是上述像阿諾這種純粹是機械與電子元件的組合，再賦予類似人類的外表與肌膚。另外一種方式是在人的身上加裝電子、機械等元件，像是電影《機器戰警》中由人改造而來的機器人警探。還有一種是以類似人類的外表、肌膚、內在組織以及思考模式所建構的人造人，像是電影《變人》中羅賓·威廉斯所扮演的機器人管家安德魯，或是《A.I.人工智慧》中的機器人小孩大衛等。在這幾種賽博格中，除了機器戰警有人的成分外，其他類型的賽博格基本上都是屬於不同材質的人造人，都歸屬於機器的範疇。

其實，現今賽博格並不僅僅存在於電影裡，已經有不少此類型機器人出現在我們周遭，儘管還無法將目標拉高到幾乎與人類無異的層次。像是行走自如的人形機器人ASIMO，或是演出舞台劇、電影的擬真機器人Geminoid F等，都可以看成是某種形式的賽博格。我們換個觀點思考，到目前為止，唯一以非生殖科技方式成功製造出人類的就是那位人稱「上帝」的工程師，當對手是上帝時，大家應該知道要讓賽博格能夠逼近人類，所將面臨的技術難度到底有多高！即使如此，仍然有許多機器人專家躍躍欲試，尤其目前有一些生物學家受到成功複製羊、牛的鼓舞下，已經將主意打到複製人身上，即便它嚴重違反人類的倫理觀念，更可能大大破壞人類社會的現狀。在這個當下，以工程手段來打造賽博格更有其重要性。也許有一天工程技術大有進展，家裡真能有機器人相伴，到時候我們就可以好好想一想，要選擇哆啦A夢還是魔鬼阿諾呢？

Robot 隨堂考

1. 《魔鬼終結者》涉及了哪兩種科幻電影青睞的題材？
2. 電影裡和時空旅行有關的部分是否有矛盾的地方？
3. 神經機械學（Cybernetics）指的是甚麼？
4. 賽博格主要有幾種形式？我們的生活周遭存在賽博格嗎？

賽博格的主要形式

形式	機器人電影中代表性角色
人的身體、大腦 + 機械、電子元件	墨菲《機器戰警》
類似人類外表、肌膚 + 內在組織、思考模式	安德魯《變人》 大衛《A.I. 人工智慧》
類似人類外表、肌膚 + 機械、電子元件	阿諾《魔鬼終結者》 Geminoid F《再見》
人形機器人	索尼《機械公敵》 查皮《成人世界》 C-3PO《星際大戰》 亞當《鋼鐵擂台》

註：根據與人的相似度由上而下排列。

當大家看完前面21篇機器人電影文章之後，心中可能會有不小的失落感，電影與真實世界中的機器人之間的落差還真是巨大。如此說來，像《機械公敵》中所描繪機器人和人類攜手共同生活的未來，終究只是遙不可及的夢想嗎？

答案可要讓大家跌破眼鏡！原本以為和我們處於不同平行線上的機器人，竟然已經現身在我們身邊某些想像不到的場所，成功地扮演著與它形象截然不同的角色，並且產生令人意想不到的影響力。

原來，有一群別具巧思的藝術家與工程師，他們根據機器人目前所擁有的有限能力，善加利用人類對機器人的喜愛，再從我們生活環境中發掘出最適合它們發揮所長的應用，讓機器人得以適才適性、大展身手。這其中的創意可不下於科幻的想像，箇中巧妙當然也不是三言兩語足以說明。所以本書特別在聊完電影中的機器人科技之後，向大家引介這些勇於接受挑戰、深具創意的工作者和他們鍾愛的機器人。

在這個單元裡，總共會有六種各具風格的機器人粉墨登場，分別是視障朋友的好幫手導盲機器人，演出舞台劇的戲劇機器人，與人類舞者共舞的舞蹈機器人，可擔任人類分身的擬真機器人，協助醫生進行手術的開刀機器人，以及在產業自動化過程中不可或缺的工業機器人。其中，導盲機器人可替忠心耿耿的導盲犬可魯和 Ohara 分擔辛勞，戲劇與舞蹈機器人一同攜手開拓出新的藝術形式與想像空間，而模仿人類的擬真機器人則讓我們更清楚看見自己。沒想到吧，機器人早已經和外科醫師合作進行手術。而除非你是「鋼鐵人」史塔克，一般家庭是看不到工業機器人，但它可是所有機器人的起源，也早已準備妥當，就等著在工業 4.0 的浪潮中大放異彩。

走出科幻世界
走進人類生活

Coming out of Sci-fiction Going into Real world

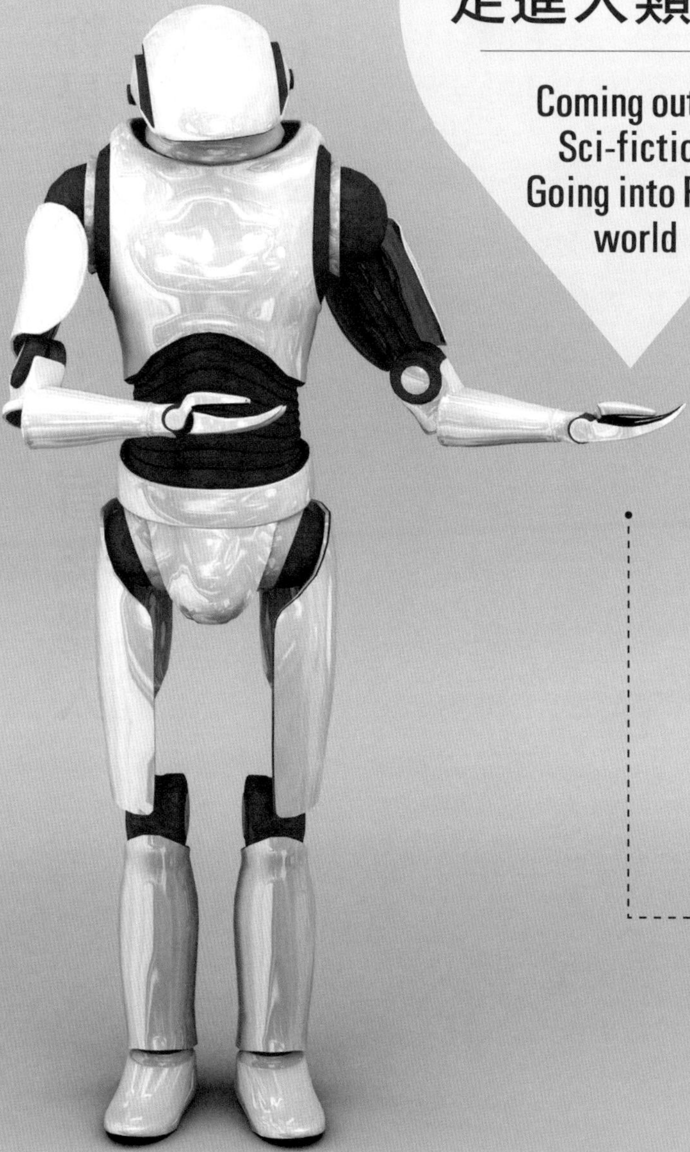

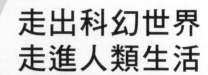

你是我的眼：導盲機器人

有台灣版《再見了，可魯》之稱的導盲犬 Ohara 與視障者張國瑞的故事登上了國小五年級國語課本。

狗是人類最忠實的夥伴，不管主人是貧、是富，是藍、是綠，牠們總是無怨無悔地在身旁守候。這樣的關係在導盲犬與視障朋友間更顯緊密，因為牠肩負著主人眼睛的角色，帶領他們「看見」這個世界。也無怪乎在2004年由日本跨海來台上映、改編自真實故事的《再見了，可魯》（盲導犬クイールの一生）得到台灣影迷廣大的迴響，當劇中飾演主人渡邊的小林薰與可魯分別之際，讓多少觀眾為之心碎，跟著流下感動的眼淚！

沉浸在電影感人氣氛之餘，讓我們回頭看看台灣視障朋友的情形。截至2015年的統計資料，台灣的視障人口約達八萬人，但除了歌聲絕佳的視障歌手蕭煌奇之外，我們似乎很少在公共場合看到他們的行蹤。我猜測其中一個原因是，以我們險象環生的交通，視障朋友出門在外可是步步危機，或許也直接或間接影響他們出門的意願。那麼，如果視障朋友都有一隻「可魯」不就好了？但你知道台灣有多少導盲犬呢？不要太驚訝，就只有區區的幾十隻，明顯不成比例。但台灣街頭不是到處都是流浪狗嗎，為甚麼導盲犬的數目這麼少？

原來導盲犬不是所有的狗都可以擔任，首先牠們必須個性溫和、順從，狗爸爸、狗媽媽、甚至是狗祖父母及先前幾代都沒有咬人記錄。在嚴格的身家考核之後，從小就得接受專門訓練，接著再送到寄養家庭學習適應未來的生活環境。即使一切都合格了，最後還需要進行導盲犬與視障朋友的配對，評估彼此是不是適合成為夥伴。由於導盲犬的養成過程如此艱辛，便讓「導盲機器人」有了上場的機會。

為了讓視障朋友能夠在戶外自由活動，開發導盲機器人的第一要件是必須具備良好的感測能力，可以清楚地偵測出所處環境的資訊，像是移動中的車輛、行人，建築物與斜坡、階梯的位置，號誌燈的變換等。有了這些資訊之後，接下來就需要建立智慧型判斷系統，能夠在極短的時間內分析所有的資訊、決定行進路線，進而導引使用者安全地到達目的地。而在室外環境瞬息萬變的情形下，可以想見，其中的每一項步驟都是挑戰。

除了功能考量之外，導盲機器人在外形設計上有兩種主要的思考方向。一個想法是，既然是要取代導盲犬，那就來開發外型像狗的自走車式導盲機器人。它就像導盲犬一樣，從前方帶領視障朋友向前走，在造型上，它可以是輪式、或是像狗一樣有四隻腳，用腳來移動所需技術的困難度較高，但卻足以跨越障礙物。

自走車上搭載著各式各樣的感測器，像是攝影機、紅外線或超音波感測器、或是雷射測距儀等，用來偵測沿路的狀況，也常配備有GPS，提供導航功用。此外，它們也常設置連桿供使用者握持，讓視障朋友就像牽著真正的導盲犬行走一般，在此同時，連桿本身也具有輔助平衡的效果。

另一種開發思維則是從視障朋友習慣使用的白色手杖切入，試圖研發出功能強大的智慧型導盲手杖。「白色手杖」是視障朋友最普遍使用的輔助工具，單單憑藉著一根手杖，就能探察出地上的障礙物、路面的平坦與否，以及坑洞與台階位置等。這個看似神奇的能力，其實是視障朋友經過相當長久的訓練與學習才能達成。但相較於自走車式導盲機器人，手杖還是視障朋友較為熟悉的工具，也因此智慧型導盲手杖在現階段具有較高的實用性，同時它在機構的開發上也相對容易些。目前國內外學界、業界都有研發團隊投入，像下頁照片中所展示的就是由美國明尼蘇達大學資訊系羅梅里歐提斯教授（Stergios I. Roumeliotis）和他所指導的博士生漢奇先生（Joel A. Hesch）所開發的智慧型導盲手杖。國內像是臺大、交大、清華、雲科大等大學，也均依據不同的應用情境，發展出各具特色的導盲手杖。

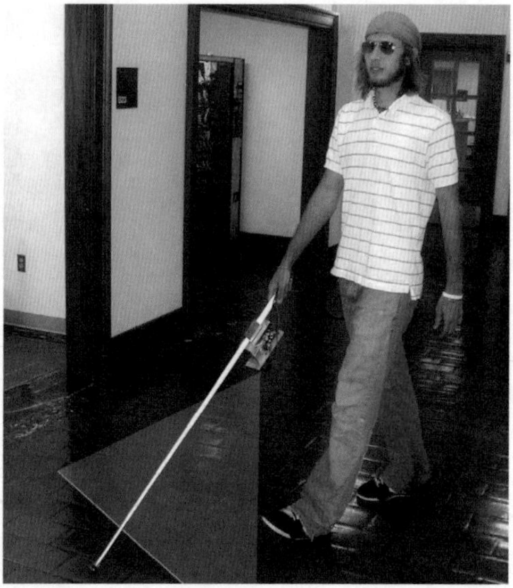

↑智慧型導盲手杖善加利用了各式感測器以及GPS等來達到避障與導航的目的。照片提供／美國明尼蘇達大學資訊系 Mr. Joel A. Hesch & Prof. Stergios I. Roumeliotis.

如同自走車式導盲機器人一樣，智慧型導盲手杖的研發也善加利用了前面所提到的各式感測器以及GPS等裝置，來達到避障與導航的目的。此外，手杖也可根據地面的情形，像是路面是否崎嶇、積水等，利用震動的方式來提供警示，更進一步也可以結合手機，提供語音介面或類似google map的導覽功能，甚至是與號誌燈系統連結，同步掌握紅綠燈的轉換。如果想讓手杖移動的更順暢，也可考慮在手杖的末端裝上移動式導輪，讓原本單純的手杖化身成為電子式的智慧魔法棒。

導盲機器人除了上述的優點外，它也不需要像導盲犬與視障朋友間，需要有個配對的過程，甚至可以根據特定需求客製化產品。如此說來，導盲機器人可是很有機會可以被廣泛應用，目前也已經有許多原型進入試用階段，那為什麼仍然無法普及化呢？

關於這一點，讓我們回到有關導盲犬的討論。從 104 學年度開始起，有台灣版《再見了，可魯》之稱的導盲犬 Ohara 與視障者張國瑞的故事登上了國小五年級國語課本，課名是〈讓我做你的眼睛〉，訴說了他們之間動人的情感，以及彼此生活中相偎相依、相互扶持的點點滴滴。曾經就讀淡江大學的張國瑞談到，早期他和 Ohara 在搭乘大眾運輸系統時，常常遭遇到不友善的待遇，一開始 Ohara 甚至不能上捷運。而我們偶爾也會看到便利商店或餐廳拒絕導盲犬進入的報導，甚至有地院法官宣稱要將導盲犬驅離。顯然我們社會對於尊重視障人士與導盲犬的觀念確實有待加強，而 Ohara 所遇到的不友善，或許就是導盲機器人上場要面臨的重大難題。

除了技術上的創新與突破外，導盲機器人是否能夠成功的應用在我們生活環境之中，高度仰賴大多數明眼人的真心支持，正如同導盲犬要能夠順利達成它的任務，端看大家能否尊重視障朋友應有的權利。比方說，導盲機器人的行走與導航能力有限，但如果我們仍然占用無障礙斜坡，或是在導引參考的導盲磚上停滿機車，導盲機器人當然無法自在暢行。此外，我們在先進國家通過十字路口時，常常會聽到輔助視障朋友過馬路的音效，如果政府能加裝輔助音效，並授權導盲機器人可以取得號誌燈的訊號，也才能讓導盲機器人或導盲手杖發揮應有的功能。

現今台灣社會對於視障朋友的關注實在不足，不管是對導盲犬的不友善，或是公共環境欠缺妥善規劃，都讓許多視障朋友視出門為畏途。在我們感動於可魯與渡邊、Ohara與國瑞之間的真情之餘，也可以從自身做起，從接納導盲犬到維護路面暢通，甚至是向政府發聲，爭取必要的視障輔助裝置，才能給予視障朋友應有的尊重與支持，讓科技也有人性的光輝。

Robot 隨堂考

1 在功能上，導盲機器人必須要具備甚麼樣的能力？

2 目前對於導盲機器人的開發，主要設計成哪幾種形式？

3 導盲機器人為甚麼沒有在台灣走出研發階段、達到普遍應用呢？

最佳明日之星：戲劇機器人

機器人參與戲劇表演，
聽起來很有賣點，
但它必須面對甚麼樣的技術性挑戰？

2015年8月初，台北藝術節推出一齣別開生面的舞台劇《蛻變－人形機器人版》，由主演《紅色情深》（Red）、《雙面維若妮卡》（The Double Life of Veronique）的法國坎城影后伊蓮．雅各（Irene Jacob）與機器人共同擔綱主演。且慢，機器人要演出舞台劇，而且還擔任男主角？這怎麼可能呢？

若讓機器人演電影，透過影片剪接及後製加以修飾，應該沒甚麼問題，但舞台劇的表演需要近距離面對現場觀眾，彼此之間眼神的交流、情感的流動，在在考驗演員的演技；萬一舞台上發生甚麼突發狀況，像是演員忘詞、道具失靈等等，更需要臨場隨機應變，對機器人來說難度頗高，不免讓人懷疑其可行性。

不過，不說你可能不知道，機器人演出舞台劇這次倒也不是頭一遭，早在1920年，捷克劇作家查別克（Karel Čapek）在他的科幻作品《羅森的萬能機器人》（Rossum's Universal Robot）中就已經讓人類演員扮演機器人粉墨登場。2009年5月，在瑞士塞爾維翁（Servion）的Barnabe劇場也見識到真正機器人的蹤影，科技與藝術在舞台上相互激盪出耀眼的火花，也讓此次的演出獲得工程領域知名的國際電機電子工程師協會（IEEE）的關切與報導。而咱們台灣的研發創意一向不落人後，任教於臺灣科技大學機械系、以創新著稱的林其禹教授在2008年12月也推出機器人劇場，為世界首度以兩部真人大小、有手有腳、並且擁有近似人臉外表的機器人演出膾炙人口的《歌劇魅影》（The Phantom of the Opera），在台灣機器人學界造成相當大的迴響。

機器人參與戲劇表演，聽起來很有賣點，想必能引發觀眾的好奇心與新鮮感，但機器人所扮演的角色是僅止於一種吸引觀眾的手段，還是能夠刺激戲劇開創出新的意義呢？機器人畢竟是機器，它到底要如何演戲、又必須面對甚麼樣的技術性挑戰？都令人大感興趣。

讓我們回到《蛻變—人形機器人版》這部作品，它是日本青年團劇團平田織佐導演（Hirada Oriza）應法國諾曼地藝術節之邀所創作。平田導演在日本劇場界的風格獨樹一幟，近年來，他和分身機器人先驅、大阪大學的石黑浩教授共同合作，將機器人引進劇場。他們的理想不是要讓機器人成為舞台上亮眼的道具，而是能夠創造出真正感動人心的作品。這齣舞台劇改編自卡夫卡的小說《蛻變》（Die Verwandlung），在原著中，男主角一覺醒來變成一條蟲，但平田導演卻讓

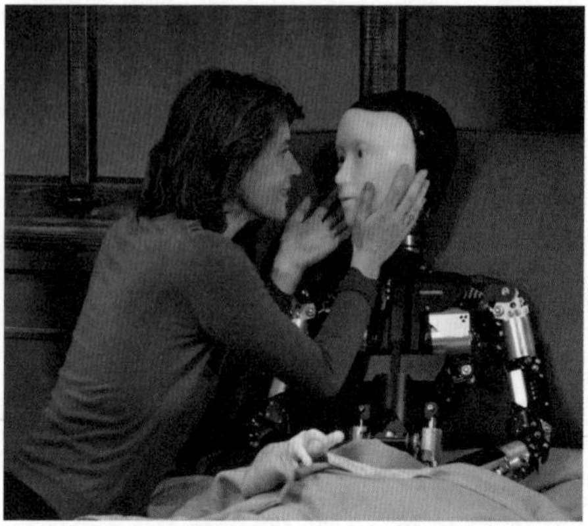

↑曾掀起「人形機器人劇場」旋風的日本導演平田織佐，帶來與影后伊蓮・雅各合作的《蛻變——人形機器人版》。照片提供／日本青年團劇團

他成為一個失去行動力、無法工作的機器人，也因此開展出許多迴異於原著的寓意。

除了舞台劇中所透露出種種發人省思的議題，身為機器人工作者的我，當然也要探究一下機器人的技術部分。首先，既然劇中男主角變成了機器人，那「他」的外型就應該符合大家心目中機器人的形象吧！關於這一點，劇場裡所展示的機器人看起來就像個機器人，的確符合預期。再者，由於主人翁被塑造成失去行動力，大幅降低了技術難度，在整個演出過程中，機器人只需一直躺在床上，正好避開人形機器人在行走時所要面對的種種技術難題；此外，「他」的角色本身並沒有太多的表情與動作變化，這也讓背後工作人員在操控上相形簡單。種種巧思讓觀眾更容易進入人轉變成機器人的安排，而不至於因為技術因素干擾到看戲的情緒，因此更能沉浸於劇情當中。

受到目前機器人技術的限制，劇場導演在劇情的安排上總要遷就機器人的能力加以調整。但在可見的未來，即使機器人變得更精緻、功能更強大，和人類演員相比，它在外型與行動上仍然存在著可觀的差距。簡單的說，要建造出能與真人無異、足以亂真的機器人在技術上還沒到位。其中最基本、最關鍵的問題在於，機器人就是機器，它沒有自我意識，讀不懂劇本，說穿了，它根本就不知道自己在演些甚麼，更不要說是對角色的詮釋了。機器人完全是按照事先寫好的程式、或是工作人員的現場操作來產生動作，既談不到表演，也說不上演技。面對這個殘酷的現實，機器人舞台劇可能很難達到平田導演與石黑教授所期待，能夠真正打動人心吧！

不過，平田導演在2010年推出的《再見》（さよな

↑改編自卡夫卡的小說《蛻變》的舞台劇，在原著中，男主角一覺醒來變成一條蟲，但平田導演卻讓他成為一個失去行動力、無法工作的機器人。照片提供／日本青年團劇團

ら），倒是讓大家見識到機器人穿透人心的力量。在這齣舞台劇中，只有兩個演員，一位是人類演員，飾演因重病住院、瀕臨死亡的女孩，另一位則是陪伴她的機器人（由 Geminoid F 飾演）。在她住院過程中，這個機器人每天會過來陪她，也許是講講話、念首詩，日復一日，隨著時光流逝，最終女孩還是離開了這個世界，但機器人有了新的使命。它被派到福島核災重災區的海邊唸詩給亡靈聽。每回這齣劇演到這段劇情時，台下總是會傳來唏噓的哭泣聲。以我們東方的思維，福島核災的現場有許多的亡靈需要祭拜，可是因為核輻射的影響，親友、家人都不能進入，那麼，就讓機器人代替我們去吧！特別是這位機器人曾經陪伴過一位走過死亡的女孩，溫暖了她人生最後的時刻，同樣地，它也溫暖了因福島核災受傷的人心。

根據這部感人的舞台劇所改編的電影已於 2015 年 11 月登上大螢幕，Geminoid F 也就此成為電影明星。但沒有意識、也不清楚自己在演些甚麼的機器人，何以會有撫慰人心的力量？說到底，這個力量還是來自我們人類本身，機器人只是在特殊的情境與氛圍之下，碰觸到我們心中柔軟的地方，讓它滋長出自我療傷的力量。當然，我們也不能忽略劇中人類演員的角色，畢竟觀眾的移情還是來自與演員與機器人之間的互動。想像一下，如果在《再見》這部作品中，兩位演員都是機器人，那效果一定會大打折扣，絕對不會那麼觸動人心。

從《再見》一劇，我們可以觀察出機器人劇場的魅力在於人與機器人彼此的對照與對話。但這又引發出另一個疑問，既然舞台劇演員一向是和其他演員演對手戲，那他們和機器人同台飆戲時會有甚麼感覺呢？根據導演透露，大家一致覺得真的很不容易。因為機器人的台詞、動作基本上都是事先寫定、預先錄製好，然後隨著預設的劇情精準地「演出」，一字不改、一刻不停。也因此演員在講台詞時，無論是內容與速度都必須與機器人同步，如果話說慢了，機器人不會等你，一旦說錯話，那可慘了，機器人完全不會幫你掩飾，就等著出糗吧，你說這壓力大不大！反過來，萬一機器人發生當機，演員還得出面收拾，在等待機器人重新開機的時間先行演出一段來墊檔，完全是考驗演員隨機應變的能力啊！平田導演開玩笑說，他們通常會額外準備兩段表演來應付機器人的突發狀況，倘若很不幸當機三次，那麼就輪到導演出來道歉了。

↑演出《再見》的 Geminoid F 也曾經在 2013 年台北藝術節演出《三姐妹——人形機器人版》。照片提供／日本青年團劇團

　　機器人走入劇場的迷人之處在於，劇作家以他們敏感的心靈，將科技的演進、時代的脈動巧妙地帶進戲劇來，這也意味著機器文明逐漸進入到我們的社會，在某種意義上，不正也代表著戲劇反映人生嗎？伴隨著機器人在人類生活中日漸擔負起吃重的角色，我們可以預期未來將會有更多不同形式、造型的機器人加入舞台劇的演出。舞台上，燈剛打亮，人與機器人這對搭檔已然登場，好戲正要上演呢！

Robot 隨堂考

1. 在台灣首度採用人形機器人的是哪一部舞台劇呢？
2. 機器人演出舞台劇有可能真正打動人心嗎？
3. 演員和機器人同台演出時，可能會遇到哪些狀況
4. 找一找，還有哪些劇場演出有出現過機器人的身影呢？

今晚和跳舞機器人共舞

兩人彷彿心神相通、合而為一，
才有機會展現出舞曲中的力與美，
機器人有可能辦到嗎？

在明亮、柔和的燈光襯托下，舞池裡一對風度翩翩的舞者正優雅地跳著國際標準舞，華麗的造型、曼妙的舞姿令人目不轉睛，仔細一看，共舞的女舞者竟然是機器人。這個情境不是電影、小說裡的情節，而是真實發生在日本政府歡迎外國貴賓的場合。如此別開生面的表演，不僅讓與會外賓大開眼界、賓主盡歡，更是一次難忘且成功的國民外交。

↑深受台灣小朋友喜愛、活潑有勁的三太子機器人。照片提供／祥儀機器人夢工廠

說起機器人跳舞，這倒不是一件頂稀奇的事，像是日本 Sony 公司所開發、小巧可愛的 Qrio，或是來自法國 Aldeberan 公司、會哭會笑的 NAO，甚至是深受台灣小朋友喜愛、活潑有勁的三太子機器人，個個都是舞林高手。但如果大家仔細觀察它們所展現的舞蹈動作，其實都是事先經由程式寫定，然後配合音樂循序演出。即使是一群機器人共同表演，仍然是各自完成所指定的舞步，彼此之間

並沒有任何的互動。

但如果要挑戰國際標準舞，而且是和人類舞者共舞，那就是完全不同檔次的技術考驗。在國標舞裡，男女舞者必須充分掌握音樂的節奏與對方身體的律動，經由長時間的合作與練習建立起絕佳的默契，才能展現出舞蹈的力與美。難度之高，不在話下。機器人真有可能辦得到嗎？

面對這個問題，讓我們先來看看前面所提、擔綱國標舞演出的機器人如何製作完成。「她」是由任教於日本東北大學的小菅一弘教授（Kazuhiro Kosuge）所開發，小菅教授曾經擔任過知名的國際電機電子工程師協會機器人與自動化學會（IEEE Robotics and Automation Society）理事長，在機器人領域享有盛名。他期待有一天機器人真正能夠進入到我們的生活環境，因此致力於研究可以和人類高度互動的機器人，他的想法是，如果機器人有能力和人一起跳舞的話，那不就意味著彼此之間已經能夠密切配合與合作、未來更有機會共同相處了嗎？

小菅教授提到此項研發能否成功的首要關鍵在於，機器人必須能夠了解人類舞者的意圖。為了達到這個目的，他在機器人身上放置力覺感應器，藉此偵測來自人類舞者不同大小、方向的施力，用來判斷舞伴要往哪裡移動。掌握到對方的意圖之後，下一個關鍵點就是如何產生合適的因應動作，這得仰賴機器人裡內建的規則加以推算。這一往一來的過程中，如果搭配合宜、運作順利，我們就會看到彼此之間流暢的互動，呈現出優美的舞步；萬一機器人錯估對方的想法，回應以不搭嘎的動作，甚至是相互拉扯，那就很可能讓人誤認他們是在表演摔跤。

很有趣的是，小菅教授所製作的跳舞機器人都是女性，這又是為甚麼呢？原來他所關切的重點是，當機器人在融入人類社會時，要能夠順從人類的意旨、接受人類的引導來完成工作，換句話說，機器人必須「順應」它的人類主人。讓我以傳統東方女性所擁有的特質來說明「順應」這個觀念，那就是了解對方、順勢而為。當另一半很強勢，就包容他；如果他很懦弱，在該挺身而出時，也能勇敢承擔。以工程角度來看，兩個系統要能夠緊密連結與合作，就必須保持其中的順應性，如果雙方都很堅持、或是同時選擇閃躲，那絕對會讓系統崩潰！也因此在國際標準舞中，為了順應男性舞者的帶領，符合對外在「形象」的期待，便讓機器人擔當起女性舞者的角色。但在男女平權觀念日益普及的今天，也許不久的將來，我們就有機會看到男性跳舞機器人的出現。

小菅教授曾到台灣訪問，當時他在演講中提到，有許多人稱讚他在開發跳舞機器人上的傑出成就，但也有人不以為然，對跳舞機器人對人類生活的幫助大打問號。因為這樣的質疑，他也著手開發行動輔助機器人，用來取代行動不方便的長輩經常使用的拐杖或四腳支架，希望能提高他們外出時的行動力。有人問，「從跳舞到行動輔助，這個落差不會太大嗎？」小菅教授的回答是，一點也不，兩者的基本概念是一樣的，都是希望能順應對方的意圖與動作。

他進一步加以說明，正如同跳舞機器人，行動輔助機器人透過所裝設的各種感測器來接收長輩的指令以及外在環境的變化，像是判斷前方有沒有人或障礙物、樓梯、高低坡等等，根據這些量測到的資訊，再以內建的智慧型策略推算出機器人應該以多快的速度、往哪個方向移動，至於推動機器人所需的動力，則交由馬達或其他類型的致動器來提供。經過小菅教授的分析，行動輔助機器人和跳舞機器人還真有異曲同工之妙。

而舞蹈機器人除了可擔任國際標準舞的舞者，國際舞壇新星、台灣新生代編舞家黃翊更讓機器人登上了現代舞的殿堂。繼 2012 年 11 月在台北水源劇場的演出之後，2015 年 6 月黃翊再次在淡水的雲門劇場與機器人共舞，其間也陸續接受國外的邀約，到奧地利、北京、紐約等地演出，精采的表現深受國際的肯定。很特別的是，與黃翊共舞的搭檔，並不是一般預期的人形機器人，而是貨真價實的工業機器人，一部來自德國的庫卡（KUKA）機械手臂。庫卡身為世界級機器人公司的代表性工業機器人，主要應用於焊接、打磨、搬運等用途，跨足現代舞，顯然是撈過界，而且工業機器人異常強健，稍有閃失，可是會導致重大傷害，這可不是開玩笑的！

那黃翊為甚麼堅持要與庫卡共舞呢？他的創作觀點是，由於工業機器人十分精準、絕對，而且具有可預期的邏輯，面對如此「堅定」的舞伴，讓他找到迥異於以往觀看自己身體的角度，也因此發展出

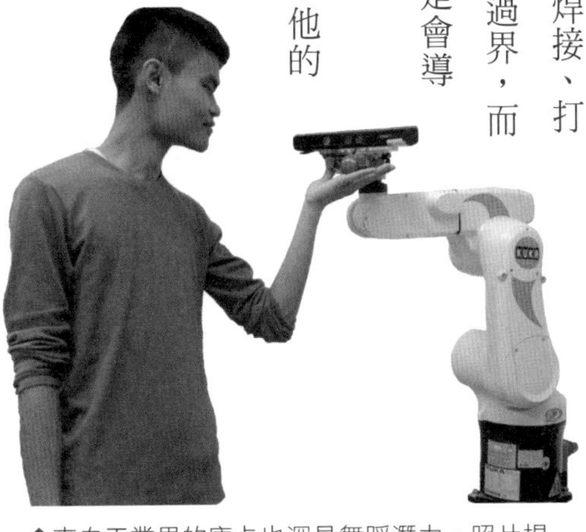

↑來自工業界的庫卡也深具舞蹈潛力。照片提供／交通大學電機系宋開泰教授

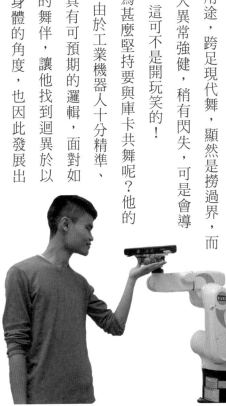

不同於其他編舞家使用身體的方式，這一點讓他十分著迷。由於合作的對象是以程式控制的工業機器人，為了編寫出具有美感、感染力的現代舞作品，黃翊表示，當他有了靈感之後，常常需要花費好幾個小時的時間，才能編出幾分鐘的舞作，以琢磨出彼此之間最好的相對位置與動作，其中涉及繁複程式撰寫與來回修改，是在舞蹈藝術外的工程大挑戰。

而黃翊和庫卡跳舞還得要面對一個難題，那就是要克服他和庫卡之間必須保持一段安全距離的工業要求。在2012年水源劇場的作品中，黃翊是利用手電筒的微光來製造間接接觸的感覺，運用空間的錯位讓人看起來舞者好像離機器人很近。到了2015年雲門劇場的演出時，為了追求藝術的完美性，他簽下了切結書自行承擔受傷的風險，讓庫卡和他可以適時的接觸。也因此，當我們讚嘆舞台上工業機器人與舞者交織出如此看似高度默契的舞作時，這背後其實潛藏著藝術工作者永不止息的夢想、堅持與付出。

從小菅教授所開發的國標舞機器人，到黃翊與庫卡共同演出現代舞作，機器人已然現身於人類社會的場域，這也意味著人與機器人共同生活的遠景並不遙遠。或許舞蹈機器人的出現對壁草先生來說也是一大福音，萬一參加舞會找不到舞伴的話，就可以請「她」出馬代勞，免於整晚枯坐冷板凳的窘境囉！

Robot 隨堂考

1. 小菅教授如何設計出可和人類舞者共同舞出國際標準舞的機器人？
2. 依照舞蹈機器人的概念，小菅教授開發出甚麼樣的機器人來幫助銀髮族？
3. 黃翊為甚麼要和工業機器人庫卡共同演出現代舞？又會面臨甚麼樣的挑戰？

↑交通大學電機系人與機器人實驗室所開發的行動輔助機器人i-Go，如小菅教授所說，它和跳舞機器人可是有異曲同工之妙。

訂做一個擬真機器人

相較於櫥窗裡固定不動的模特兒，
能擺出優雅動作與表情的小南小姐，
的確是絕佳的賣點。

如果可以訂做一個和自己長得一模一樣的機器人，你會有興趣嗎？擁有一個這樣的機器人，好處可真不少，比方說今天心情不好，不想上班或上課，就讓它代勞吧！也可以耍帥，同時出現在兩個地方打卡，酷吧！想歸想，這等美事有可能嗎？製造出像人的機器人，終極目標應該就是讓機器人像真正的人類一樣。如果以「如何『製造』出人類」做為實踐困難度的參考，人類說起來是由上帝所創造，或者說是來自大自然的演化，就算有科學家膽敢不顧倫理、以人工生殖的手段來複製人類，其關鍵技術的根源還是得仰賴生物本身。而人類代代相傳，由胚胎長大成人，箇中奧秘至今仍然令人摸不清、也猜不透。

如此說來，想要以工程手段創造出可以比擬本尊的「擬真機器人」，絕對不是一件簡單的事，只要想想對手可是上帝等級的，根本就是不可能的任務！因此，且讓我們回歸現實面，來看看現今的技術到底可以讓機器人和本尊相像到甚麼程度？是只有外表神似，還是能達到行為舉止、甚至連思維都能維妙維肖？

針對這幾個問題，先容我分享一下我在日本大阪高島屋百貨公司和擬真機器人會面的親身經驗。照片裡站在我身邊的小南小姐，她可是不折不扣的機器人，

↑我與小南小姐在大阪難波的高島屋百貨「相談甚歡」。

照片中兩人都笑顏逐開，狀似相談甚歡，但這畢竟是人與機器人的相遇，有可能聊得如此愉快嗎？莫非事有蹊蹺？欲知真相如何，就讓我們繼續看下去。

話說從頭，小南小姐是由國際知名的分身機器人大師、日本大阪大學石黑浩教授的研究團隊於2010年所開發，本名是Geminoid F，小南小姐是專用於高島屋的藝名。Geminoid是雙生的意思，F則代表女性（female），意味著她是某位女子的分身。石黑教授也曾經在2006年開發出以自己為藍本的擬真機器人Geminoid HI，HI是石黑教授英文名字的縮寫。他談到研發擬真機器人的目的在於「通過追求與人類的相似性，反過來了解甚麼是人類的特質」，也就是說，當我們以機器人模仿人類到某種極致，就有機會了解甚麼是機器人怎麼也達不到的——是身為人類所獨有的本質。

Geminoid HI 擁有50個運動自由度，頭部13個、身體15個、手和腳共22個，可提供相當多類型的動作。但在設計 Geminoid F 時，石黑教授卻將她的自由度降到12個，頭部11個，剩下一個留給身體，用來模擬呼吸的起伏。減少運動自由度所付出的代價是動作的選擇性變少，以致於 Geminoid F 平常只能單純地坐著，頭、臉的動作也不會太大、太快。但相對地，這樣的調整讓 Geminoid F 更具實用性，不僅變得相當輕巧，而且成本大幅降低，售價僅約為台幣三百萬元左右。

由 Geminoid F 化身的小南小姐之所以在百貨公司這樣的地點出現，主要是研究團隊想了解大眾對擬真機器人的接受程度，而高島屋則試圖藉由人們對神似真人之機器人的好奇心來吸引人潮，提高產品銷售。她身上所穿的衣服、鞋子、絲巾等，現場都有專櫃銷售，信不信，每一款都熱銷到不行！對比於櫥窗裡固定不動的模特兒，隨意就能擺出優雅動作與表情的小南小姐，的確是絕佳的賣點。

由於我當時正在大阪大學進行學術訪問，有幸躬逢其盛，當小南小姐一出現在展場，立刻席捲全場的目光。主辦單位很貼心，讓來自台灣的我可以進入為小南小姐打造的透明屋，和小南小姐近距離的見面、聊天。我當然要把握這個機會仔細觀察一下，她到底能多像真人呢？小南小姐給人的第一眼印象，確實有幾分神似真人，細緻度相當高，雖然動作與表情變化不快，轉換仍稱得上自然，臉上的濃粧也多少彌補了矽膠材質與人臉的差異，這對提升她的擬真度確實有相當大的幫助。不過整體看來，像歸像，但還不至於會將她誤認成真人。

「擬真」所要看的絕非僅是外表的相似度，進退應對、反應思維都是設計者所必須考慮的。於是，我進一步檢驗小南小姐是否擁有石黑教授宣稱與人即時對談的能力。這事情其實有點棘手，小南小姐說的是日語，而我的日文很初階，尤其看到透明屋外一對對熱切的眼睛正注視著我們，想到身在海外我代表的可是台灣，國家的聲譽全落在我肩上，就不由自主地緊張了起來，接下來更是一陣忙亂，急著想了解她講的話，又擔心自己不知該如何回答，最後舌頭打結，全身僵硬，也不知道這對話到底是如何結束的。

事後仔細想想，小南小姐根本就是個機器人，我有必要如此緊張嗎？而且她真的知道、甚至在意我說了甚麼嗎？我應該關切的重點是，她到底如何與人對話。事實上，她是先以語音處理系統找出對方話中的關鍵詞，接著比對事先建立好的資料庫，找出合適的回答，這有點類似內建在蘋果 iOS 系統中的人工智慧虛擬語音助理 Siri。可以想見，語音辨識常常會有誤判，資料庫裡面的詞彙與回應勢必相當有限而且固定，如果我能放輕鬆，應該會享受到相當跳躍、甚至答非所問的談話樂趣。

之前談到，石黑教授試圖以擬真機器人來探究人的特質，他和 Geminoid HI 的互動就是很好的示範。話說石黑教授每回造訪台灣，總是穿著和 Geminoid HI 同樣款式的衣服、留著相同的髮型，而且他一直保有比實際年齡年輕的容顏，令我們十分羨慕與好奇。原來 Geminoid HI 是模仿四十歲時候的他，那是他對自己最滿意的階段。由於大家都已經習慣 Geminoid HI 的樣貌和打扮，後來反而變成石黑教授必須配合不會變化的 Geminoid HI，很努力讓自己常保年輕。這讓人不禁要問，究竟是機器人擬真人、還是人在擬真機器人呢？以現今的技術來看，擬真機器人要全然比擬真人，仍然有一段相當長的路要走，但他（她）已然像一片鏡子，映照出我們的人性。

Robot 隨堂考

1. 石黑浩教授研發擬真機器人的目的是甚麼？
2. 石黑浩教授的研究團隊讓擬真機器人出現在百貨公司是為了想要觀察甚麼呢？
3. 在擬真機器人的設計中，除了外觀神似外，還需要考量甚麼？
4. 擬真機器人小南小姐如何與人談話呢？

救命啊！幫我開刀的醫師是機器人！

台灣每年機器人開刀的案例上看千件，而全球的總數高達幾十萬件，你相信嗎？

想像一下，當我們到醫院看病的時候，診間的門一打開，坐在椅子上的醫師竟然是機器人，你會不會嚇得轉身就跑？機器人不是應該在工廠替汽車焊接、噴漆，在家裡吸吸灰塵嗎？甚麼時候輪到機器人擔任醫療工作了呢？這應該是科幻小說的情節吧！但如果我告訴你，台灣近幾年來，每年機器人開刀的案例上看千件，而全球的總數高達幾十萬件，你相信嗎？

雖然說數據會說話，但機器人的雙手基本上是由機械材質打造而成，既堅硬、又缺乏彈性，再者，為了配合自動化生產線需要，它的出手又快、又準、又狠，這樣的特質會適合擔當需要精巧、細緻操作的手術工作嗎？在這裡，請大家先放寬心，目前機器人並不是獨力完成手術，主刀者仍然是人類醫師，機器人所扮演的是助手的角色。那到底是甚麼樣的手術需要機器人參與呢？它又能幫上甚麼忙呢？

我們先來看一下有關胃腸等部位的手術如何進行，傳統此類手術需要打開腹腔，傷口面積自然不小，也往往需要很長的復原時間。醫界一直希望能減少手術所造成的創傷面積，除了能減輕病人的疼痛、有利於快速復原之外，同時也能減少失血與感染，這就是所謂的微創手術，或是俗稱的腹腔鏡手術的緣由。在此型態的手術中，外科醫師經由體表幾個微小的切口將內視鏡與長型器械伸入體腔內，前者用來觀察身體內部的情形，後者則作為手術操作之用，如此一來，由於傷口極小，手術對人體的傷害將可大幅降低。

由此看來，微創手術確實有其吸引力，但在此同時，它在操作上卻也帶給醫師許多的挑戰。首先，由於在手術的進行中，醫師並不是直接看到體腔內部，而是透過內視鏡傳送到螢幕的影像來了解實際的情況，這意味著三維的立體視野變成了二維的畫面，也造成視覺上極大的落差。另一方面，長形的器械在使用上遠不及傳統的手術工具所能提供的手感，醫師往往需要一段學習與適應的時間。人命關天，沒有人會

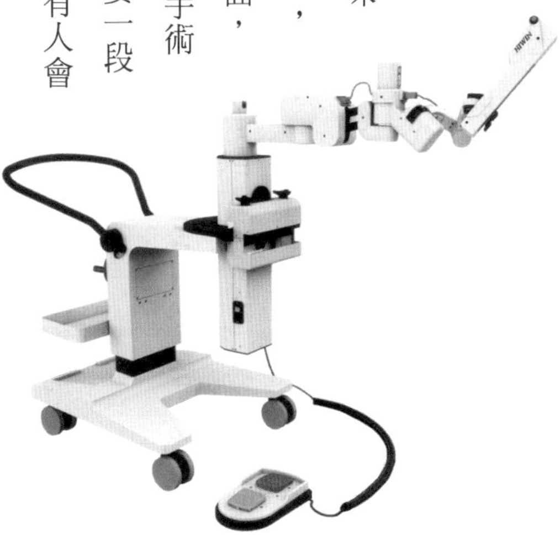

↑內視鏡扶持機器手臂，可達成穩定與精確的內視鏡空間定位。照片提供／上銀科技股份有限公司

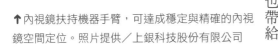

希望醫師是在視訊不完整、工具不順手的情形下替我們動手術吧！這時候，也就是開刀機器人上場救援的時候了。

說起當今最知名的開刀機器人，首推由美國 Intuitive Surgical Solutions 公司所開發的達文西機器人開刀系統（da Vinci Surgical System）。這套系統的開發源於美國國防部在 1980 年代所進行的計畫，該計畫希望藉由達文西系統讓外科醫師可以在後方替戰場上受傷的士兵開刀，甚至是從地球替太空人動手術，這也就是所謂的「遠端遙控開刀技術」。雖然後來的演變並非如此，但自從 2000 年美國食品藥物管理局通過達文西系統可應用於人體手術之後，它已然成為全世界行銷最多國家的機器人開刀系統，足跡遍布美洲、歐洲及亞洲。台灣當然也不落人後，廣泛運用於泌尿科、婦產科、腸胃外科、心臟胸腔外科、耳鼻喉科等多種類型的手術。

達文西機器人開刀系統在微創手術中相當關鍵的視覺影像與手術器械操作上，有其獨到之處，這也是該系統廣被醫界採用的重要原因。我們就來看看它有那些主要的輔助功能。在影像上，它以置入體內的攝影機提供3D立體視覺，並且能將影像高倍率放大，讓醫師可以清楚地觀察到特定的開刀部位；高維度的機器手臂則連接上各種精密手術器械，展現出像手腕般的靈活動作，並且可以在極小的空間中執行各種角度的旋轉、彎曲與捏夾等。值得一提的是，透過機器手臂的穩定控制，大幅排除了人為抖動的現象。而為了提高醫師在操作上的靈敏度，人與機器手臂的運動解析度可以按照一定比率進行調整，比方說，醫師轉動三十度對應到機器人轉動十度，如此一來，無形中醫師的雙手變得更靈巧，下刀也就更細膩、精準，當然會提高手術的成功率。

醫師在運用達文西系統來進行手術的過程中，他們其實是一邊看著顯示螢幕、一邊操作著搖桿式的操控器來遙控機器人動刀。這樣的比喻也許對接受手術的朋友有些不好意思，但醫師的開刀方式其實有點像是在玩某種電玩遊戲，唯一不同的地方在於，達文西系統所提供的功能讓醫師們的功力大增，確保他們能夠突破各項難關、順利完成手術。

不過，售價高達百萬美金的達文西系統仍然有其弱點，尤其是它並沒有提供力覺回饋，也就是說，當醫師在開刀的時候，並不能感受到刀具接觸到身體組織時的接觸力。天啊！這情形不就像是廚師沒有味覺、音樂家失去聽覺一樣嗎？請別擔心，力的呈現其實是可以「看」得到的，就像在拳擊擂台上，當拳手揮出雷霆萬鈞的一拳時，雖然沒有打在我們身上，一樣會讓人感覺隱隱作痛；而貝多芬在耳聾之後，仍然可以運用其他方式來感受音符的躍動。現階段，在沒有力感的情形下，憑藉著視覺的輔助以及器械使用上的相關訓練，醫師依舊可以確實完成手術。而且隨著相關技術的成熟，力覺勢必將會被引進到機器人開刀系統中，未來醫師不僅可以用眼睛看到力，同時也能用手感受到力，也因此更有能力執行更多不同類型的手術。

憑藉著電腦視覺輔助以及機器手臂的靈活性與穩定度，機器人開刀系統在微創手術上已經成功地扮演了人類醫師得力的助手。在可見的未來，機器人並不會取代人類成為我們的主治醫師，畢竟它並不具備專業的醫學知識與開刀的技巧。但可以預見的是，勢必有越來越多的機器人投入開刀的行列，一方面是可以大量降低醫療資源的使用，這得歸功於微創手術的傷口小、復原快，也代表住院的時間短，以及醫療保險給付的減少。另一方面，機器人也可應用於微創手術之外的開刀，像是骨科或是腦部手術中的頭殼切割等，面對這些部位的堅硬程度，機器人的快、準、狠，剛好可以派上用場、一展身手！

但正當開刀機器人前景看好之際，卻也衍生出全新的議題，引發醫界不少討論。萬一，機器人開刀時出了狀況，那誰要負責任？是機器人、醫師、還是廠商？顯然，怪罪機器人不具實質意義，那就是醫師或是廠商要負責囉？但由於是透過機器人動刀，醫師和廠商常常是各具立場、互不相讓，也無怪乎，當達文西系統問世之後，已經累積了不少的醫療糾紛與法律案件。新科技的誕生，在造福我們的同時，也必然會帶來新的挑戰，正如核能、網際網路等，這也是我們在面對新科技來臨時所必須擁有的體認。

Robot 隨堂考

1 目前廣為使用的開刀機器人系統是哪一種？主要用途為何？

2 達文西機器人開刀系統有那些主要的輔助功能？

3 開刀機器人在實際運用時會面臨到那些挑戰？

↑三軍總醫院引進了台灣第一部達文西開刀機器人系統。照片提供／三軍總醫院泌尿外科

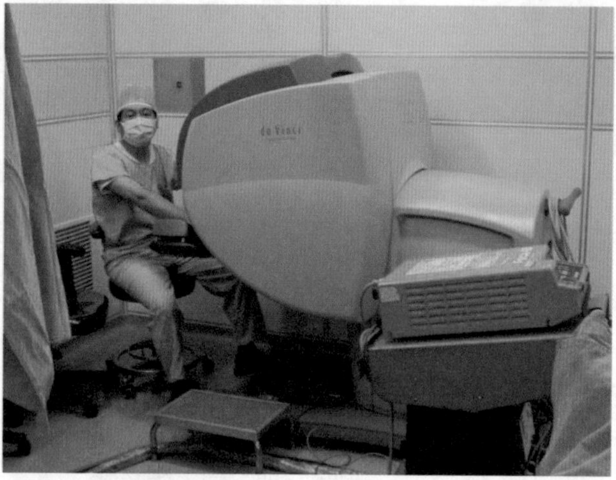

↑擁有豐富經驗的三總泌尿外科吳勝堂主任醫師示範如何操作達文西開刀機器人。照片提供／三軍總醫院泌尿外科

工業自動化幕後功臣：工業機器人

其實，打從機器人誕生至今，
便是往工業應用的方向發展，
而不是走入家庭。

先請教大家一個問題，誰的家裡擁有「有用」的機器人？有用的意思指的是真正能夠從事勞務性工作，而不是僅供玩賞，像是鋼彈模型、哆啦A夢玩偶等。也許有的家庭有幫忙打掃的吸塵機器人或是具娛樂、互動功能的機器寵物狗愛寶，但除此之外呢？仔細想想，在我們生活環境中，似乎很少看到機器人的蹤跡，但現今機器人科技不是進行得如火如荼、不斷推陳出新嗎？它們到底到哪裡去了呢？在回答這個問題之前，且讓我們先從機器人的前世今生談起。

早在十八世紀之際，歐洲已經出現會彈琴、寫字、畫圖的自動機械，在它們精緻、擬真的外表襯托下，儼然成為當時宮廷間皇室貴族炫耀的時尚；在約莫相同時期的日本江戶時代，也有被稱為運茶童子、射箭女子的類似工藝品，廣泛受到大眾的喜愛；而在中國，三國誌中記載諸葛亮設計出可在崎嶇地形執行運輸工作的木牛流馬，就連金庸在武俠小說裡也不忘軋上一腳，《倚天屠龍記》小說中寫到，在楊過為郭襄辦的生日趴中，無色禪師送給她一份神秘的生日禮物，既不是玫瑰花、也不是巧克力，而是一對會對拆少林拳術的鐵羅漢，送女生這樣的生日禮物，套句現在的流行語來說，那真是太給力了！而這些自動或半自動的機構都展現出某種程度的智慧與行動能力，也意味著在古代已經有機器人的概念與雛形。

但如果說到現代機器人的起源，一般機器人書籍會以捷克劇作家查別克所提出的構想為起點。在 1920 年所推出的舞台劇「羅森的全能機器人」中，他讓以人扮演的機器人初次現身戲劇舞台，並且創出「機器人」（Robot）這個名詞。劇中的機器人基本上是以人類形象為藍本所塑造出來的機器人管家，這應該也是人類對機器人一開始的期待與想像。

然而，一直到今天，讓機器人成為人類管家的夢想仍然未能實現，根本原因在於，在我們的生活環境中充滿了太多的變化與不確定性，遠遠超過機器人的能力所能承擔。請大家想像一下各自的居家情形，比方說自己或學齡小孩的房間，你覺得機器人有辦法應付嗎？你的腦中是否浮現雜亂無章的環境、高低堆疊的雜物呢？搞不好連自己的容身空間都很小，機器人又如何行走活動？就算是有的家庭真能一塵不染、井然有序，但我們生活所需物品的外形、尺寸、用法何其多與複雜，無論在行動力或智慧上，現階段的機器人都遠不如人類，並沒有能力處理我們的日常家務。幸運的是，對於執行具有固定形式、重複性高的工作，它們卻相當在行。如此一來，井然有序、有條有理的工廠，不就是機器人最能大展身手的場所嗎？於是乎，找到「個人專長」的機器人立馬轉換跑道、投身於工業製造的行列，也成為了自動化產業不可或缺的重要推手。

↑來自新竹工研院機械所的工業機器人，它可是台灣自動化產業的尖兵。照片來源／交通大學電機系胡竹生教授

其實，打從機器人誕生至今，便是往工業應用的方向發展，而不是走入家庭。在 1961 年，誕生了有史以來的第一部工業機器人，它的名字叫做 Unimate，是由美國的約瑟夫・恩格伯格（Joseph Engelberger）創立的全世界第一家機器人公司 Unimation 所推出。由於它的造型是模仿人類的手臂，所以更精確來說，它應該被稱為「機械手臂」。之後，類似 Unimate 的各式機械手臂陸續推出，它們

在工廠的環境中如魚得水，尤其適逢汽車業蓬勃發展之際，汽車製造中所需進行的各項工作，像是焊接、噴漆、組裝等，都是它們的強項，也造就了機器人的黃金時代。

自從六十年代機器人問世，一直到邁入二十一世紀，除了在金融海嘯期間，工業機器人的市場一直在穩定中成長，它的單機價格不菲，再加上包含生產線、自動化整體系統所創造出的產值更是可觀，也吸引了全世界工業先進國家加入競逐的行列，日本即是其中的佼佼者。

為甚麼日本能在機器人的激烈競爭中取得領先地位呢？原來他們一開始就體認到機器人精準與一致的工作特性，其價值在於提升產品品質上的潛力，而不僅是將它視為大量製造的工具。因此，日本在引進源自於美國的工業機器人技術之後，並不著眼於短期獲利，而是能以品質、整體技術以及生產力的提升，訴諸於長期市場的占有，也在機器人相對高價時，願意加碼投資，建立起完整的產業鏈。日本廠商將工業機器人視為先進製造技術的代名詞，在增加產能的同時，更立下目標讓日本製造等同於品質保證。如此獨到的眼光與持續不斷的努力，讓日本成為引領全球的工業機器人大國，當今世界排名前五大的機器人公司當中，日本就占了三家。

他山之石，可以攻錯，日本的成功對我們台灣機器人產業的發展有甚麼樣的啟示呢？近幾年來，由於中國遭遇到嚴重的缺工問題，許多台商企業打算遷廠回台，但台灣本身勞工短缺的情形也相當吃緊，讓台灣發展工業自動化的急迫性大大提高，也是我們維持國家經濟成長時不得不面對的重大議題。換個角度思考，這不也正是台灣的機會嗎？以日本為借鏡，企業在思考如何解決眼前缺工問題的同時，更應該積極投入具高產值、高獲利率的高階工業機器人開發，並以它為核心建立起完整的自動化產線，將整體作戰目標設定在提升國內的工業水準，並一舉拿下自動化產業的國際市場。

自動化產業的建立需要具有一定的規模以及高度的整合性，在產品的製造過程中，除了作為主體的機器人以外，有許多的周邊設備以及生產線都必須一一到位。可以想見，整個自動化流程的規劃、後續的現場建置、生產線的維護等等，在在需要仰賴一個素質高且整齊的團隊，來確保整體系統的可靠度與穩定性。在此同時，團隊也必須針對產線中可能發生的種種問題，隨時與使用端的客戶進行有效率的溝通與互動，這也正如我們對日本、德國、美國等此領域一線公司團隊的印象。那麼，台灣真有可能建立起像這樣高水準的團隊嗎？答案是肯定的。相對於日本、歐美高漲的工資與追趕上來的中國在人才層次參差不齊的情形下，以台灣的普及教育，以及工程師具有較為一致的水準、彈性與勤奮的工作態度，明顯占有極大的優勢，相信絕對有機會從虎視眈眈的國際競爭對象中脫穎而出，撕下過往台製廉價品的標籤，再次打響 Made in Taiwan 的名號。

回顧半世紀，從 Unimate 機械手臂開始，伴隨著電機、資訊、機械、材料、生醫等領域的高度發展，機器人科技快速的成長，由工業機器人、服務型機器人、一直到娛樂、教育型機器人等，各種不同用途、形式與功能的產品一一推出，不論是日本、歐美、台灣都投注了相當努力與貢獻。而今更隨著網路與通訊系統的延伸，進而能夠遙控機器人，將觸角延伸到深海、外太空、災難現場等不適合人類活動的場所。尤其，在最近談得沸沸揚揚的工業 4.0、物聯網（Internet of Things）、資訊物理融合系統（Cyber-Physical System）等預期將會全面改變目前工業與生活樣貌的新興科技裡，機器人可都是其中的要角。也許在不久的將來，查別克對機器人成為人類管家的預言還真能實現呢！

Robot 隨堂考

1. 第一部工業機器人誕生於何時？它的功用為何？
2. 為甚麼日本能在機器人的激烈競爭中取得領先地位？
3. 台灣發展工業機器人的挑戰與優劣勢為何？

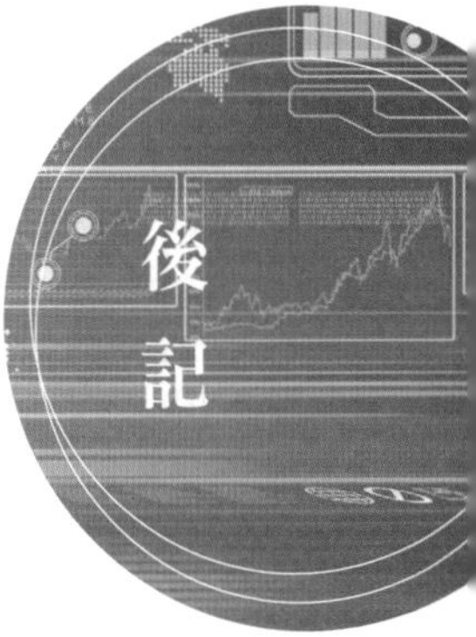

跨越恐怖谷

相信大家在讀完書中所介紹的電影與生活機器人之後，對機器人科技有更清楚的了解。在闔上書本之前，要不要自我挑戰一下、預測機器人未來可能的發展呢？機器人和人會越走越近、還是漸行漸遠呢？預測未來從來不是一件簡單的事，所謂千金難買早知道，就算機器人專家也不一定說得準。想要點提示？我推薦評估機器人未來發展方向極具啟發性的「恐怖谷理論」（Uncanny Valley）。

它是由現在已經退休的日本東京工業大學森政弘教授（Masahiro Mori）在1970年代所提出，當初的用意是為了提供機器人設計者在開發不同用途的機器人時，作為構思外形與行為的參考。恐怖谷理論離發表至今已四、五十年，以科技進步的速度來看，算是相當久遠，為甚麼仍然值得關注呢？而它真的可以讓我們看見未來嗎？

森教授提了一個問題供大家思考：當機器人的外在表現越來越像人類時，我們會不會因此對機器人更具親切感？我想，大部分人的答案應該都是肯定的。如果機器人的外在模樣、行為舉止和人類很相像，彼此的關係當然會更加親密，但森教授可不這麼認為，也就此畫下那條讓他享譽機器人學界的恐怖谷曲線。

隨著圖中的曲線，我們可以看到，當機器人逐漸由不近似人類進入到相似的過程，人對機器人的親近程度的確會隨之提升，例如從冷冰冰的工業機器人進展到具有可愛造型的玩偶機器人；但一旦相近到某種程度後，反而會令人類升起厭惡感，就好像外觀類似人手的義肢，偶爾也會帶給我們不自在的感覺，更不用提及製作技術不到位的擬真機器人，萬一它的臉部表情看起來就像殭屍一樣，那可是會讓人嚇出心臟病來。但是，如果機器人科技能夠一鼓作氣、一舉跨越過曲線的凹陷處，也就是被稱為「恐怖谷」的障礙，讓機器人整體均能達到與真人幾無

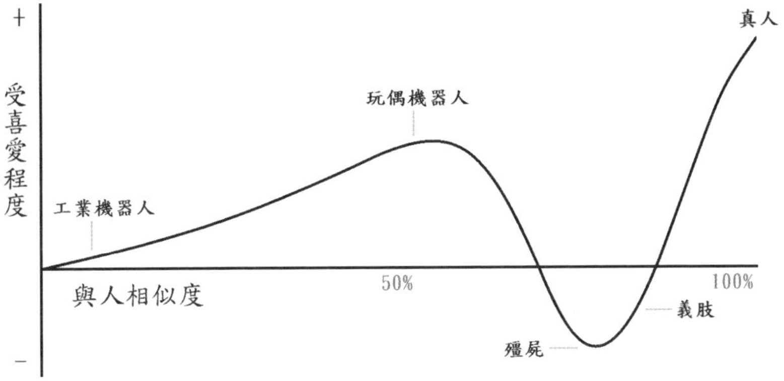

↑恐怖谷曲線示意圖（翻製森政弘教授的恐怖谷曲線）

差異，我們對它的親近感又會再度提升。

只不過，從森教授的理論提出至今，現今機器人技術仍無法跨越恐怖谷、走到曲線的右邊，而且，似乎在可見的未來也不可能辦得到。斬釘截鐵的說，短期內沒有任何機器人能夠在外表及思維上精巧到會被誤認成真人，即便是石黑浩教授的得意作品、已經在2015年登上大螢幕的擬真機器人 Geminoid F 也一樣。

面對恐怖谷這樣的天險，機器人工程師能怎麼做呢？有兩種可能的作法，一種就像在本書機器人科幻電影文章中所提到的「正面攻堅」——竭盡全力、逐一克服工程技術上的難關，凡事只要功夫深、不斷努力，終究會跨越障礙、到達彼岸。另一種則是像本書〈走出科幻世界走進人類生活〉單元內的文章所採取的策略，根據機器人現有的能力，找出最適合它們發揮所長的應用。無論你看好哪一種方式，我的建議是，可別忘了「科技始終來自於人性」這句話，如果科技能夠加上人性的色彩，當機器人挑戰天險時，有「人」扶上一把，機會可是會大上許多。

說也奇怪，機器人就是有本事從我們身上誘發出情感，藉此得到許多的幫助。像日本就開發出一種魯蛇（Loser）機器人，專門用來在公共場所收集垃圾。顧名思義，魯蛇機器人就是一付「遜咖」模樣，走起路起來搖搖晃晃，也沒有厲害的工具來夾取垃圾，而且還一碰就倒，真的是遜斃了！但是它每天都可以收集到很多垃圾，完全不輸功能強大的垃圾清理機。原來它可愛的遜模樣，深得大、小朋友的歡心，許多人會主動將垃圾丟進桶子裡，萬一它不小心跌倒了，還有人會發揮愛心、扶它起來，還真是「魯蛇力量大」。舉出魯蛇機器人案例的用意並不是鼓勵大家要將機器人製作的很爛，而是提醒大家思考，當我們在設計與運用機器人時，務必考慮到人的因素，如果能得到應用對象的認同、有所共鳴，就能事半功倍、發揮比機器人自身能力更大的力量。

展望未來，受限於現有機器人科技，像電影《人工智慧》中那種足以亂真的機器人男孩大衛，短期內不會出現在我們的街頭。但可以肯定的是，跟隨著書中機器人的腳步，未來一定會有越來越多不同功能的機器人出現在我們生活中的每個角落。屆時，電影中人類與機器人共同生活的願景，終將科幻成真！

本書介紹的機器人電影年表

大家不妨一塊檢視，這些電影裡的機器人，各自落在恐怖谷曲線的哪個位置呢？

電影片名	上映年份
魔鬼終結者	1984 年
異形 2	1986 年
機器戰警（舊版）	1987 年
鐵達尼號	1997 年
星際大戰首部曲：威脅潛伏	1999 年
變人	1999 年
A.I. 人工智慧	2001 年
關鍵報告	2002 年
機械公敵	2004 年
變形金剛	2007 年
鋼鐵人	2008 年
原子小金剛	2009 年
阿凡達	2009 年
鋼鐵擂台	2011 年
機器老男孩	2012 年
機器人與法蘭克	2012 年
EVA 奇機世界	2012 年
環太平洋	2013 年
機器戰警（新版）	2014 年
雲端情人	2014 年
大英雄天團	2014 年
成人世界	2015 年

國家圖書館出版品預行編目 (CIP) 資料

羅伯特玩假的？破解機器人電影的科學真相 / 楊谷洋作 .
-- 初版 -- 新竹市 : 交大出版社 , 民 105.02
面； 公分
ISBN 978-986-6301-84-1(平裝)

1. 機器人 2. 電影

448.992　　　104027867

羅伯特玩假的？
破解機器人電影的科學真相

作　　者：楊谷洋
出 版 者：國立交通大學出版社
發 行 人：張懋中
社　　長：陳信宏
執 行 長：黃育綸
執行主編：程惠芳
行政專員：林妤珍
助理編輯：劉立葳、黃熾宏、蘇紫瑜
封面設計：蘇品銓
內頁美編：theBAND‧ 變設計 — Ada
製版印刷：華剛輸出製版印刷公司
地　　址：新竹市大學路 1001 號
讀者服務：03-5736308、03-5131542
（週一至週五上午 8:30 至下午 5:00）
傳　　真：03-5728302
網　　址：http://press.nctu.edu.tw
e-mail：press@nctu.edu.tw
出版日期：105 年 2 月初版一刷／ 105 年 3 月初版二刷
定　　價：380 元
I S B N：9789866301841
G P N：1010500024

展售門市查詢：
交通大學出版社 http://press.nctu.edu.tw
三民書局（臺北市重慶南路一段 61 號）
網址：http://www.sanmin.com.tw 電話：02-23617511
或洽政府出版品集中展售門市：
國家書店（臺北市松江路 209 號 1 樓）
網址：http://www.govbooks.com.tw　電話：02-25180207
五南文化廣場台中總店（臺中市中山路 6 號）
網址：http://www.wunanbooks.com.tw　電話：04-22260330